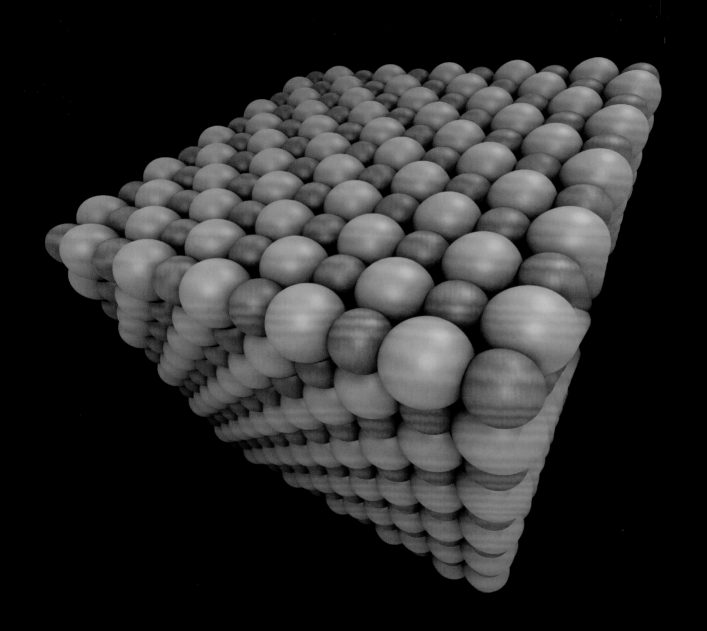

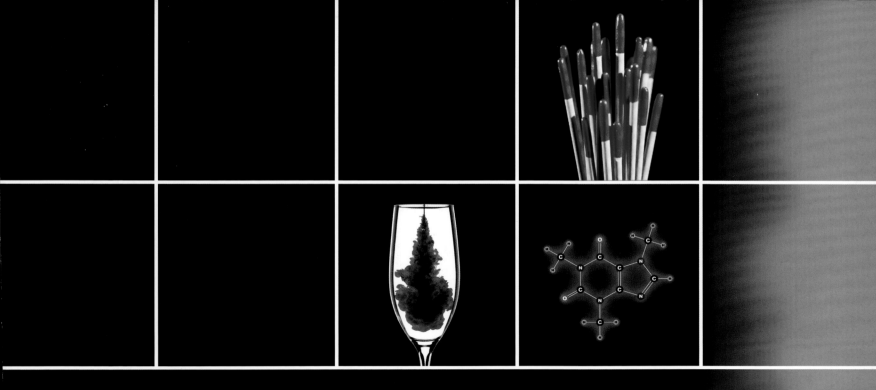

用得到的化學

建構萬物的美妙分子

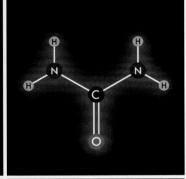

MOLECULES

The Elements and the Architecture of Everything

葛雷 Theodore Gray——著
曼恩 Nick Mann——攝影　李祐慈——譯

目錄

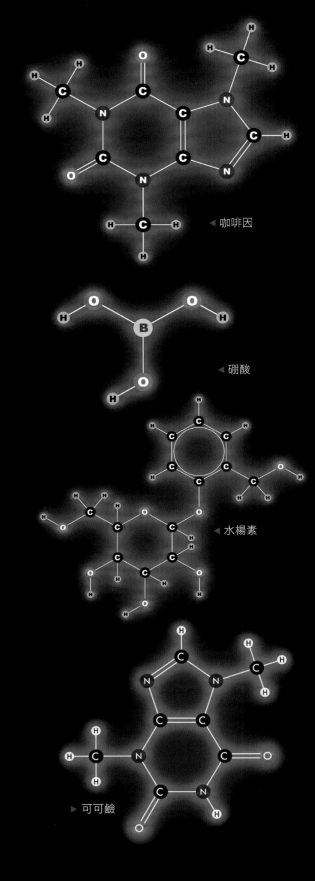

◄ 咖啡因

◄ 硼酸

◄ 水楊素

► 可可鹼

開場白

週期表已經完備了，我們知道只要弄清楚那一百多個元素就
好，不會有更多了。但是宇宙中的分子，種類則不可計數，
根本無法列表。正如同西洋棋的棋子只有六種，但要想列出
它們在棋盤上所有的走法，是不可能的。

是想把分子分成不同組別（或寫出網羅所有分子類型的
書）都辦不到。分子的類型幾乎跟分子的數量一般多，所以
我只自在的選了一些有趣的分子，或用一些特例來彰顯統合
分子的深刻連結與寬廣概念。

關於化合物，如果你要找的是標準的那一套陳述方式，例如
化學課本裡的那些，那你要失望了。本書沒有談酸和鹼的章
節。我當然會談到酸，不過是關於其他我認為更有意思的事
物，例如肥皂（由強鹼與弱酸反應而成的會溶解的鹽類，可
讓油水混合）。

以這種角度來說，《用得到的化學》這本書更像是每個孩子
都該有的一套分子收藏品，這裡頭什麼都有一點，蒐羅的原
則不是基於完整性，而是因為有趣。你將從書裡學到化學的
世界如何運作，對這個科目會有點概念。

我希望你享受閱讀此書，正如同我享受寫它一般。

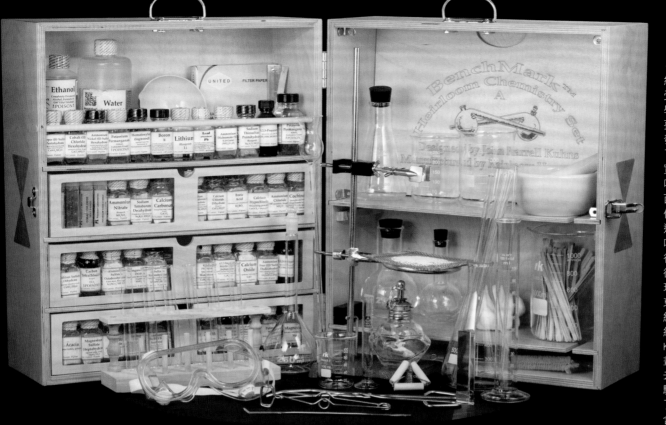

◀ 這類化學實驗套組在西方國家曾經很受歡迎。老一輩的科學家常感嘆，現在的孩子買不到這些有助發現與學習的工具了。想用現有的化學實驗套組做爆炸物嗎？你會發現這些東西簡直是故意設計成保證讓你辦不到。不過，雖然我們老是感嘆世界不如以往，而往事只能回味，但稍微挖掘一下還是會發現，那些你想念的好東西還在，只是得在網路上找。這一個套組是群眾募資平臺Kickstarter的一個計畫*所提出的，和過去數百年來的化學實驗套組一樣，它包含了完整的組件，也隱含了讓人調皮搗蛋的各種機會。一如此書的精神，此計畫沒有因為對某些有趣化合物有疑慮而將其排除在外，而且也正如此書，套組中附帶了非常清楚的警告文字，說明對這些化合物了解不足或操作不當，會有真切的危險。

*譯注：Kickstarter 是一家美國公司，透過網路向公眾集資，以支持新的創意專案。這裡提到的計畫是傳家寶化學實驗套組（Heirloom Chemistry Set），已在2013年完成募資。

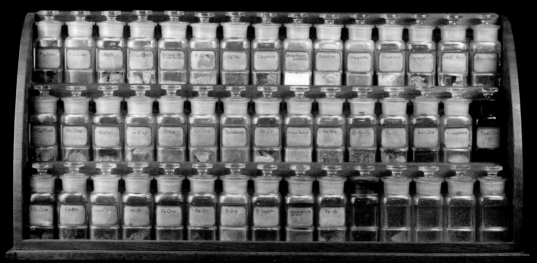

▲ 化合物的世界如此寬廣多樣，就算只挑選其中很小的一部分，也足以拼湊出一個很大的化學實驗套組。例如這個可愛的老套組，只包含了簡單的無機化合物，但已能讓有興趣的人了解鑄造廠和精煉廠是如何運作的。套組中有礦石、合金、黏土、防火磚材之類的東西（更多有關礦石的介紹請見第6章）。

第1章

元素之屋

世上所有具體的物質，都是由週期表上的元素所組成。為此我已經寫過一本書，還交代了在哪兒可找得到每一種元素。有時這些元素自成一格，比如銅線或鋁鍋。但通常元素都會和其他元素結合成化合物，例如食鹽（由鈉和氯原子以無數陣列排列而成的晶體網格結構）或糖（由含有十二個碳、二十二個氫和十一個氧原子的團基緊密相連而成）之類的分子。是了，這本書要談的正是分子和化合物。

日常生活中，我們經手的分子和化合物遠多於元素（大約是成千上萬對上數十的比例）。這是因為原子可以互相連接的方式實在太多了。單是只用氫和碳兩種元素，就可以做出一整系列稱為碳氫化合物的分子家族，其中包括油、潤滑劑、溶劑、燃料和塑膠等。再把氧元素也加進去，就能做出各種碳水化合物，包括糖、澱粉、蠟、油脂、止痛藥、色素，以及更多種塑膠，還有無數各式各樣的化合物。只要再添幾種元素，你就足以製造出生物所需的所有化合物，包括蛋白質、酵素，以及生物體內所有分子的起源：DNA。

究竟是什麼力量把這些原子綁在一起？為什麼又有如此多變化？我碎念個沒完的「化合物」和「分子」是啥？它們有差別嗎？

◀ 只要兩種元素：碳和氫，就能創造出種類驚人的碳氫化合物。把氧也加進去，就能得到碳水化合物，例如這淡棕色的糖。

▶ 週期表是目錄，記錄了宇宙中所有存在，或可能存在的原子。一切物質都是由原子構成，原子為數不多，但互相結合的方式卻有無數種。有關元素的故事請看我的上一本書：《看得到的化學》。

葛雷
看得到的化學

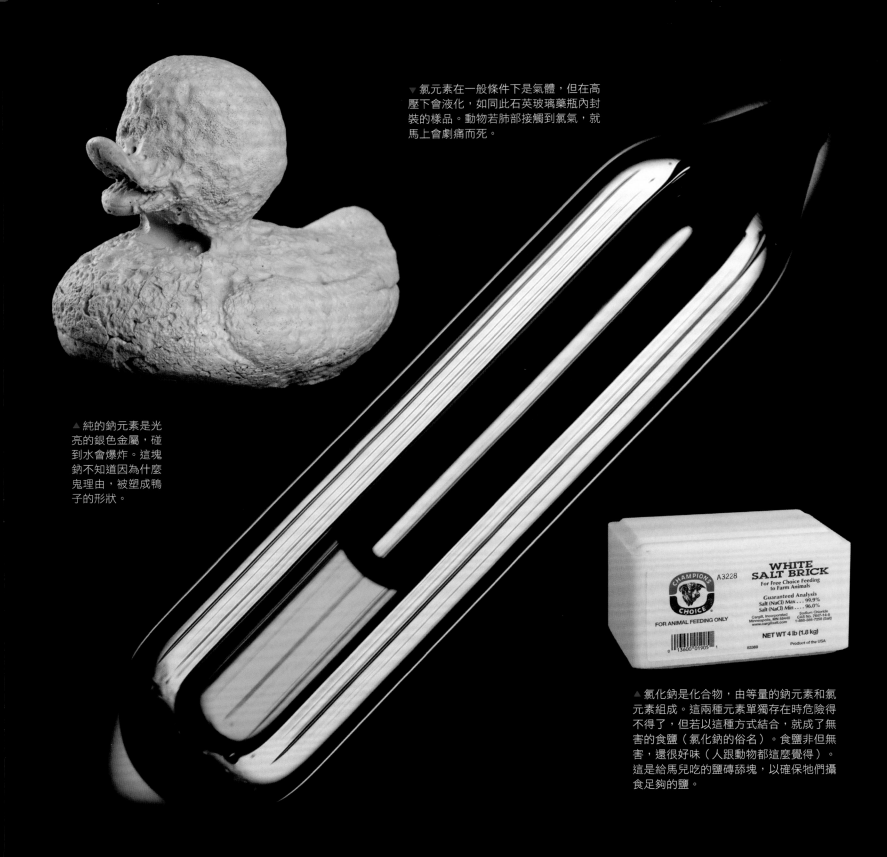

▼ 氯元素在一般條件下是氣體，但在高壓下會液化，如同此石英玻璃藥瓶內封裝的樣品。動物若肺部接觸到氯氣，就馬上會劇痛而死。

▲ 純的鈉元素是光亮的銀色金屬，碰到水會爆炸。這塊鈉不知道因為什麼鬼理由，被塑成鴨子的形狀。

CHAMPIONS CHOICE® A3228

WHITE SALT BRICK
For Free Choice Feeding to Farm Animals

Guaranteed Analysis
Salt (NaCl) Max . . . 99.9%
Salt (NaCl) Min . . . 96.0%

Cargill, Incorporated
Minneapolis, MN 55440
www.cargillsalt.com

Sodium Chloride
CAS No. 7647-14-5
1-866-385-7258 (Salt)

FOR ANIMAL FEEDING ONLY

NET WT 4 lb (1.8 kg)

0 13600 01905 1   83369   Product of the USA

▲ 氯化鈉是化合物，由等量的鈉元素和氯元素組成。這兩種元素單獨存在時危險得不得了，但若以這種方式結合，就成了無害的食鹽（氯化鈉的俗名）。食鹽非但無害，還很好味（人跟動物都這麼覺得）。這是給馬兒吃的鹽磚舔塊，以確保牠們攝食足夠的鹽。

▶ 只要碳和氫兩種元素就能創造出為數驚人的化合物。我們已研究超過十萬種只由這兩類元素構成的分子，也為它們取了名字，而還沒發現、尚未命名的分子還更多。

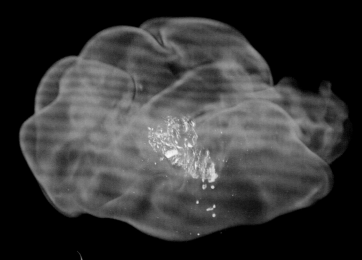

◀ 碳氫化合物包含許多種類的液體，有比水輕的溶劑，如等級不同的油跟黏不拉嘰的輪軸潤滑劑。碳氫化合物分子內連接的碳原子數目愈多，黏度愈高，然後化合物會成為蠟狀，最後形成固體。

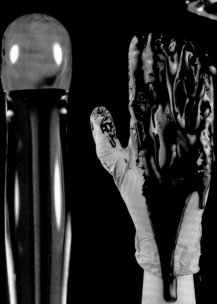

▶ 聚乙烯塑膠也是碳氫化合物，它只含碳和氫元素，從買菜的塑膠袋到花俏的防割手套，隨處可見它的身影。一個聚乙烯分子就包含了數十、數百甚至數千個相連的原子。

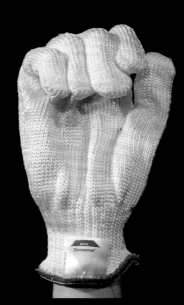

化學的
核心作用力

把化合物裡的原子牢牢束縛在一起的作用力是靜電吸引力，它同時也是驅動所有化學現象的基本作用力。你用布摩擦氣球表面後，讓它自己黏在牆上，或在地毯上打滾完以後的「怒髮沖冠」，也是來自同一種作用力。

要解釋這種力的來源也不難。所有的物質都可能攜帶正電荷或負電荷，帶有同一種電荷的物質相斥，帶有相反電荷的物質相吸〔有點類似磁鐵，同極（南極或北極）相斥，異極相吸〕。

我們對靜電作用力知之甚詳，舉凡這個力多大、如何隨距離衰減、穿越空間的速度多快等等細節，都可以用複雜的數學精準描述。但是靜電作用力的本質究竟為何，仍是全然的謎。

我們對於這如此基本的現象來源，竟然全然不知，也很不可思議。不過以實際用途而言，不管它的來源為何，我們只要知道這種力的作用方式，也就足以說明各種原子有創意的鍵結方式了。

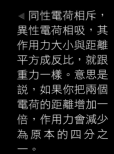

◀ 同性電荷相斥，異性電荷相吸，其作用力大小與距離平方成反比，就跟重力一樣。意思是說，如果你把兩個電荷的距離增加一倍，作用力會減少為原本的四分之一。

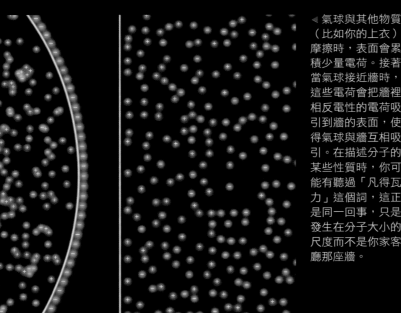

◀ 氣球與其他物質（比如你的上衣）摩擦時，表面會累積少量電荷。接著當氣球接近牆時，這些電荷會把牆裡相反電性的電荷吸引到牆的表面，使得氣球與牆互相吸引。在描述分子的某些性質時，你可能有聽過「凡得瓦力」這個詞，這正是同一回事，只是發生在分子大小的尺度而不是你家客廳那座牆。

▲ 凡德格拉夫起電機（Van de Graaff generator）可以在物體上累積大量的靜電荷，上圖正是它的傑作。這些靜電荷沿著每一根頭髮移動，讓一綹綹的髮絲因帶有同性電荷而相斥。

▲ 如果在這一個裝置上放一些負電荷（亦即放很多的電子），中間的指針和相連的金屬桿，會因帶有同性電荷而互相排斥。只要測量指針偏移的角度大小，就可以約略估計上面放了多少個額外的電子。更精密的儀器可以測出準確的電子個數，以及彼此之間的作用力大小。

原子

原子的中心是體積很小、密度很高的原子核，裡頭有質子和中子。一個質子帶一個正電，中子不帶電，因此原子核帶的正電等同於它所含的質子個數。

原子核周圍有一些電子，電子帶負電。由於負電會與正電相吸，所以電子會受到原子核吸引，要把它們分開需要能量。我們說這是電子受到原子核的靜電束縛。

電子帶的負電與質子帶的正電，大小完全相同，但電性相反。所以若一個原子擁有的電子數與質子數相當，則原子整體不帶電，是中性原子。

原子核內的質子數目有個名字，叫做「原子序」，原子序決定了元素的種類。舉例來說，原子核內有六個質子的原子是碳，可以做出石墨或鑽石。原子核內有十一個質子的原子是鈉，可以和氯結合，形成食鹽，但鈉如果丟到湖裡會和水反應，引起爆炸。

原子的原子核決定了它是哪一種元素，但這種元素的特性為何，則是取決於原子外圍有多少電子。化學其實說的都是這些電子之間的事。

▼ 你應該常看到一些原子的圖片，上面畫了一個小小的原子核，周圍有一些小球表示電子，還畫了幾個圈表示電子繞原子核旋轉，就像行星繞太陽一樣。不過這種圖像是錯的。原子核的部分還可以，但電子既不是小球狀，在原子核周圍運動的方式，也和我們一般認知的「運動」不同。在奇特的量子力學理論中，電子是以非定域化，或者說「機率雲」的方式存在，在特定的時刻，不一定會位於某個地點。對電子最好的描述方式是，以數學說明它們出現在某個地點的可能性有多大，而這些機率的分布形成美麗的形狀，稱為原子軌域*。這並不是說電子長得像這些原子軌域的形狀，或是沿這個形狀移動。原子軌域的圖形代表原子核周圍的某處，發現電子的機率有多大。愈亮的位置代表，如果你往那兒去找，發現電子的可能性愈大。但如果你不去找，我們可以說電子到處都是，也到處都找不到。聽起來很怪是吧？沒錯，愛因斯坦也不太喜歡這回事，但到目前為止，這套數學方法還是描述我們的世界最好的理論。你最好也試著接受。

*譯注：下圖的原子軌域為了美觀而有所簡化，未標示出座標軸的方向，如2px中的電子是沿x軸分布，2pz中的電子則是沿z軸分布，兩者並不相同。

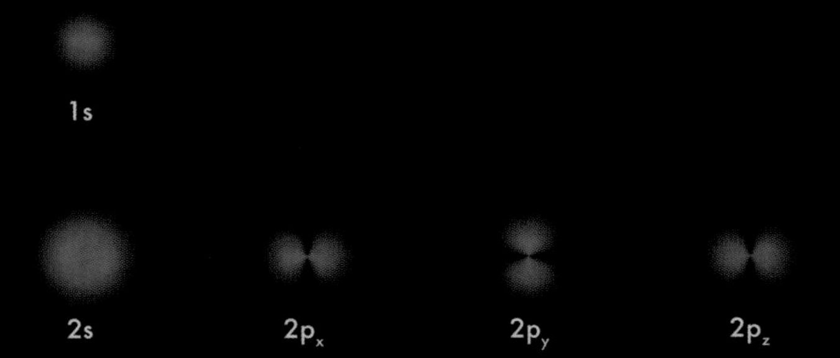

1s

2s　　2p$_x$　　2p$_y$　　2p$_z$

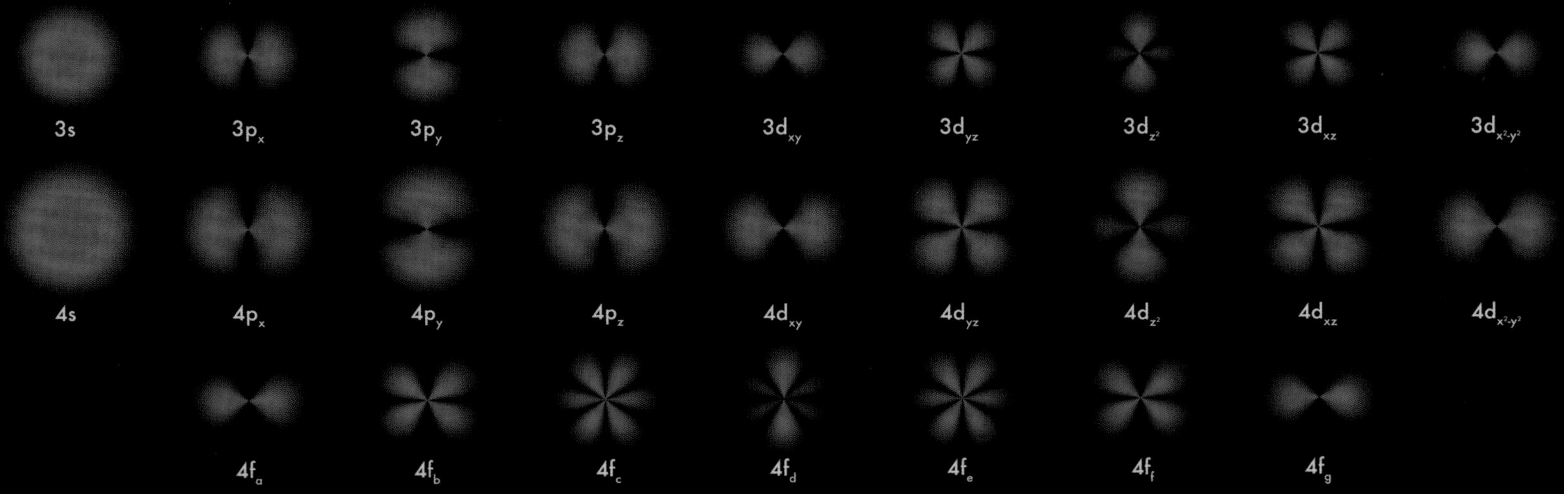

3s　　3p$_x$　　3p$_y$　　3p$_z$　　3d$_{xy}$　　3d$_{yz}$　　3d$_{z^2}$　　3d$_{xz}$　　3d$_{x^2-y^2}$

4s　　4p$_x$　　4p$_y$　　4p$_z$　　4d$_{xy}$　　4d$_{yz}$　　4d$_{z^2}$　　4d$_{xz}$　　4d$_{x^2-y^2}$

4f$_a$　　4f$_b$　　4f$_c$　　4f$_d$　　4f$_e$　　4f$_f$　　4f$_g$

原子

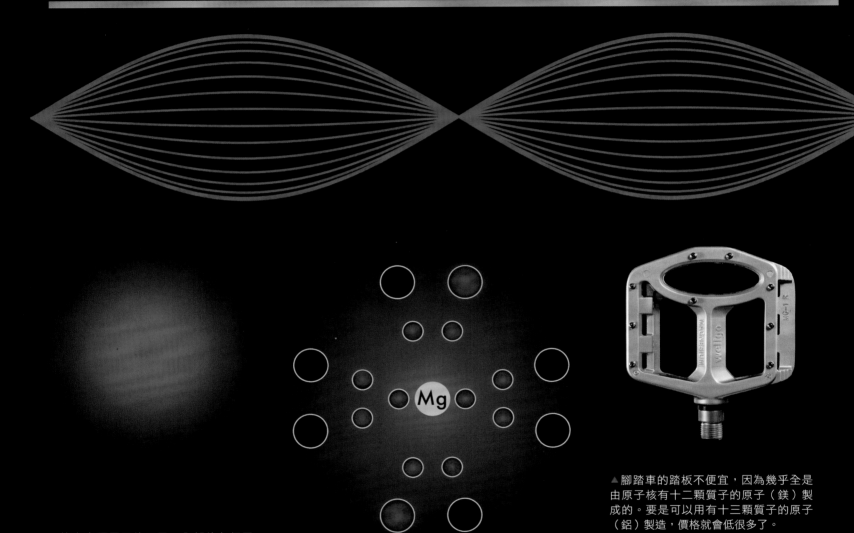

▲ 腳踏車的踏板不便宜，因為幾乎全是由原子核有十二顆質子的原子（鎂）製成的。要是可以用有十三顆質子的原子（鋁）製造，價格就會低很多了。

▲ 擁有多顆電子的原子，內部的各個電子會依照特定的次序，各自填入對應的原子軌域。因此在某處找到一個電子的可能性，就成了這些填了電子的原子軌域的總合。例如，這是鎂原子周遭的電子密度分布。這也是為什麼這種圖片幾乎不會出現在化學課本中，因為這張圖包含了十二顆電子的分布密度，全部重疊在一起，在原子核周圍形成對稱均勻的機率分布，無法區分每顆電子各自的貢獻（我是為了讓你看看這張圖有多沒意義才放的）。

▲ 我不喜歡把原子結構畫成電子小球繞原子核運動那種示意圖，但這種圖片還是有用處的，因為可以清楚看出電子的數目，以及電子填入原子核周圍不同「殼層」的方式，而每一殼層可裝填特定數目的電子。當電子數隨原子核增大而增加時，這些殼層逐漸由內向外填滿。本書討論的大多數元素，電子占據的最外殼層（稱為價殼層）都可裝填至多八個電子（氫除外）。價殼層中的電子稱為價電子，數目隨元素種類而不同。例如此處所示的鎂原子，價殼層有兩個價電子。鎂元素的化學特性正來自於價電子。注意，這種示意圖中畫的電子，和真實情況中電子所在位置毫無關係！這種圖示法只是方便用來呈現每一殼層的電子，特別是價殼層中有多少電子。

▼ 電子怎麼能同時哪兒都在，也哪兒都不在呢？就跟其他量子力學適用的物體一樣，電子的行為既像波又像粒子。把原子周圍的空間想像為類似小提琴的琴弦，而電子就有點兒像是琴弦上的震動，或者說琴弦上的波動。我們說這個波位於琴弦的何處呢？唔，這個波不在琴弦的任何一個特定位置上，但也可以說是遍及弦的每一處。電子的行為就類似這種情況。當我們偵測電子時，電子就會傾向於粒子的表現，在某一處現身，量子力學把這稱作「定域化」。

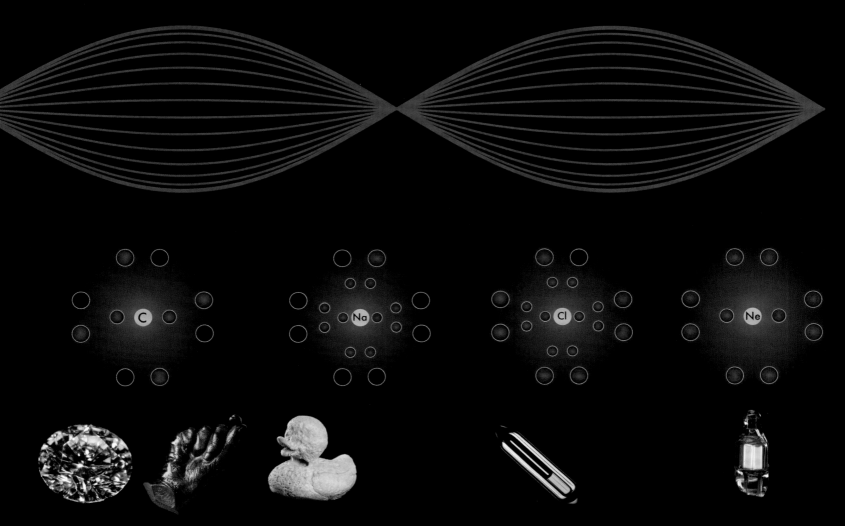

▲ 再來看看這顆鑽石，我們知道這是一顆鑽石，因為裡頭所有的原子都有六個質子。石墨表面上看來與鑽石毫不相同，但裡頭的原子也是都具有六個質子，換句話說，也都是由碳組成的。碳原子的價殼層有四個價電子，意思是還可以再裝入四個電子。這件事對地球上的生命現象至關重要，也是本書的重點。

▲ 這隻鴨子身上的每一顆原子幾乎都有十一個質子，所以這些原子是鈉原子，這是鈉鴨。鴨子表面上有一些原子只有八個質子，這是空氣中的氧原子和鈉結合成白色粉末狀的化合物：氧化鈉。鴨子身上其他地方可能還有一些含有不同質子數的原子，這些是和鈉鴨八竿子打不著的汙染物。請注意，鈉原子最外頭的價殼層只有一顆電子，也稱為孤電子。幾乎鈉所有的化學現象都來自於此。

▲ 這瓶液化氯樣品中的原子都有十七個質子。請注意，氯原子最外頭的價殼層還差一顆電子就可以填滿。這幾乎可以解釋與氯相關的所有化學。

▲ 這個指示燈裡頭的氖氣原子有十個質子。請注意，氖最外頭的價殼層是完全填滿的，這使得氖元素反應性極低。當原子最外頭的價殼層填滿時，它就心滿意足了。

化合物

靜電作用力把原子中的電子與質子束縛在一起，也使得化合物和分子中的原子得以結合。當原子含有的質子與電子數目相同時，整體不帶電，所以中性原子彼此之間沒有靜電作用力。要讓原子之間互相連結，你得把電子在不同原子間移動，好讓原子間產生靜電吸引力。

再看一次前幾頁的原子示意圖，你會發現有些原子（例如氖）最外層的價殼層完全填滿，有些（例如碳、鈉、氯）的價殼層則還有空位可以裝填電子。每一殼層都能裝填固定的電子數（兩個或是八個電子，要看是哪一層）。內層的殼層填滿了，但最外層的價殼層可能因為電子不夠所以沒填滿。若是價殼層沒填滿，原子是不會滿意的，這時你就大有機會移動電子。

原子為了讓最外層殼層維持填滿狀態，願意付出一切，甚至不再是電中性也行。但它們也有各自的喜好，有些喜歡拿額外的電子來填價殼層的空位，有些則是拋棄自己最外層那幾個遊蕩的電子。另外有些原子喜歡和鄰居共享電子，這時一顆電子就能大致打發兩個原子。只要有兩個以上的原子互相連接，就稱為分子。如果分子中包含了至少兩種不同的元素，就稱為化合物。

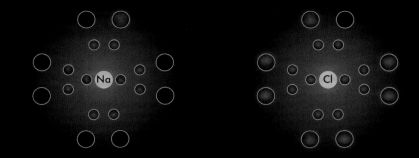

▲ 我們又看到鈉原子（有十一個質子）和氯原子（有七個質子）的示意圖了。請注意，它們的最外層電子都沒有填滿。鈉原子最外層可填八個電子，但它只填了一個。氯原子最外層一樣可以填八個電子，但卻少填了一個。鈉和氯都對此很不爽。它們都是反應性極高的物質，會猛烈攻擊附近的任何物質。鈉一靠近水就把它撕裂，氯則是你一吸進去，就撕裂你的肺。

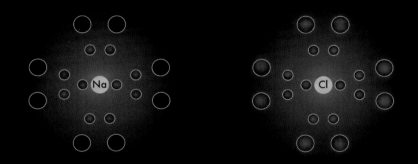

▲ 只要把一個電子從鈉原子移到氯原子上頭，問題就解決了，因為如此一來，兩者最外層的殼層都是滿的（鈉原子最外層的空殼層，只是為了讓你看出原本電子所在的位置，重點是第二層現在是全滿的）。一旦我們移動了一顆電子，鈉原子就帶了一個正電，而氯原子帶一個負電。因為這兩種原子現在電性相反，所以會互相吸引，黏在一起形成氯化鈉化合物，也就是常見的食鹽。

▶ 鈉和氯原子很樂意交換電子以形成氯化鈉。「很樂意」的意思是，當電子移動使兩種原子都各自擁有滿意的殼層結構時，過程中會釋放出大量能量。化學反應放出能量時會以熱、光，或聲波的形式釋出。元素若愈傾向互相結合（即結合時會釋出愈多能量），就愈不會以獨立的形式存在於自然界。像鈉和氯如此高反應性的元素在自然界中絕不會獨立存在。如果你看到純的鈉元素或氯元素，就能料到一定有人花了大把力氣，才把它們從跟別的元素相結合的安穩狀態中分開來。

▶ 原子帶電時（例如鹽類裡的原子），稱為「離子」。鈉離子帶＋1價（因為它少了一個帶負電的電子），而氯離子帶－1價。兩個離子間的鍵結稱為離子鍵，由離子鍵組成的化合物稱為離子化合物。所以說，氯化鈉正是離子化合物的一種。許多化合物都有這一類的鍵，其中大多數可統稱為鹽類。因為電性只有分正負兩種，只含離子鍵的化合物通常很簡單。帶負電的離子會一視同仁的吸引周遭所有帶正電的離子，反之亦然。因此，元素會以簡單的方式重複排列，儘可能緊密堆積，形成晶體。右頁看到的是氯化鈉晶體。如果嚴格按照分子的定義，「任何相連的原子都可稱為分子」，那麼一粒鹽也算是一個單分子。但我們通常不這麼說，我們說鹽是離子晶體，不是分子。

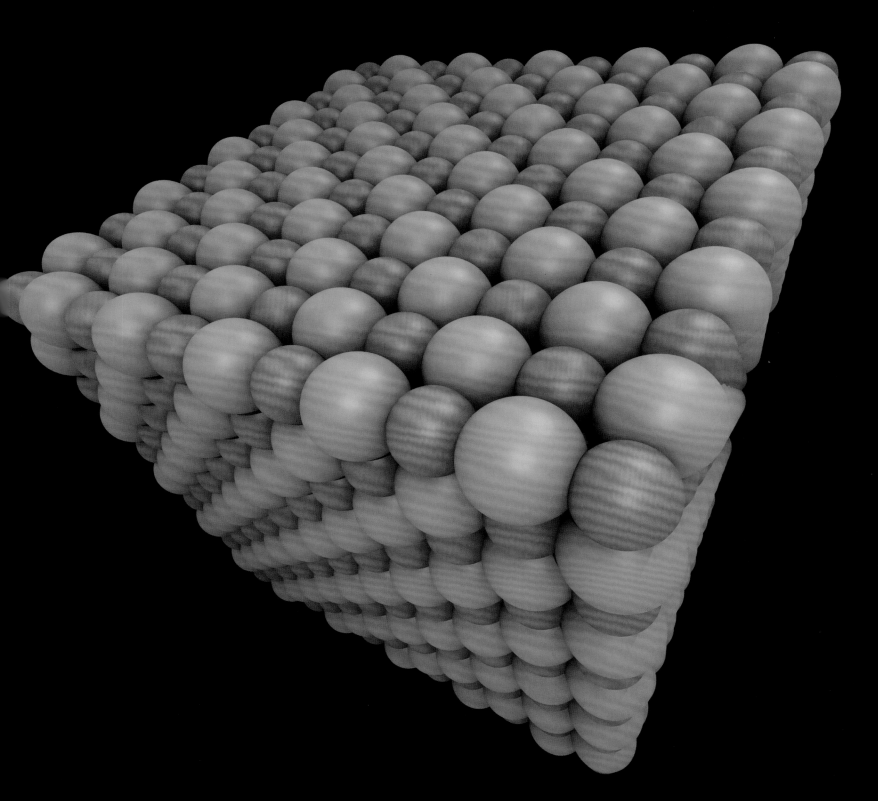

分子

鈉和氯形成「離子鍵」，因為氯原子真的很想要多一顆電子，而鈉則是很高興可以擺脫它覺得是拖油瓶的那一顆。其他原子沒這麼有個性，不覺得非得完全脫手或多擁有電子，反而寧願彼此分享電子。當原子間共享一顆或多顆電子時，就形成「共價鍵」。和離子鍵不同，共價鍵可使分子具有複雜的多樣化結構，因為共價鍵很「挑」，只存在於特定的原子對之間。

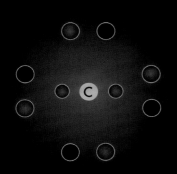

▲ 碳的價殼層有四顆電子，但最多可有八顆，所以碳經常與另外四個原子鍵結，和它們分享電子以填滿自己的價殼層。

每種原子都喜歡與鄰居分享特定數目的電子。例如碳因為價殼層還缺四個電子，就喜歡接受其他原子分享的四個電子，如此可以假裝自己的價殼層全裝滿了。氧喜歡接受別人分享的兩個電子。氫真是大方得不得了，它只有一個電子，還很樂意拿出來和別人分享。

這些規則使原子就像樂高一樣，可以用特定方式組合，組合成功，就形成了分子。

▶ （上圖）四個氫原子與一個碳原子結合，結果讓每個原子都很滿意。碳原子的最外層總共有八個電子，四個是原有的，另外四個是由每個氫各出一個。碳假裝這八個電子全都算自己的，這樣就有了完全填滿的價殼層，而氫原子則是假裝自己的價殼層都裝滿了兩顆電子。這幾個原子如此連接，形成了甲烷分子。

▶ （中圖）這個有灰影的圖並非代表甲烷分子真實的電子分布，但這種畫法確實可以把電子數得很清楚，也看得出它們是如何填滿各原子最外層的殼層。更概要的畫法稱為路易斯結構，其中每個點都代表價殼層的一顆電子。課本中常用路易斯結構來解釋，為什麼原子會以特定方式鍵結。

▶ （下圖）如果要畫出分子中每個原子的價電子，無論是用灰影或是路易斯電子點都太麻煩了。所以我們現在要用一般化學課本中常見的分子畫法，就是以線條代表兩個原子彼此分享電子。每一條線代表一對共享的電子。此處線的周圍還有淡淡的光影，這是為了提醒你，這些線只是象徵符號，和原子真實的樣貌無關。真正的分子可沒有用到繩子或棍子，只有模糊分散的許多電子，在原子核的周圍四處遊蕩，讓原子彼此以靜電作用力相連。

▲ 氫的價殼層有一顆電子，但最多可有兩顆，所以氫喜歡以單鍵與另一個原子鍵結。

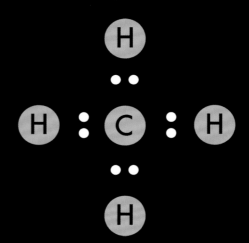

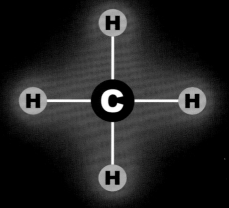

▶碳原子可以彼此共享一對、兩對或三對電子，形成單鍵、雙鍵或參鍵。每分享一個電子，就填滿四個空位中的一個，剩下的空位則常由氫原子補滿。比起單鍵，多鍵（指雙鍵或參鍵）的鍵結較強，鍵長較短，但反應性也較高。右圖這些化合物依序為可燃氣體乙烷（單鍵）、非常易燃的氣體乙烯（雙鍵）和有爆炸性的可燃氣體乙炔（參鍵）。

▶碳最高明的把戲之一，是可以形成各種尺寸的環。其中六員環最重要也為常見。請注意右邊第一例的環己烷，每個碳原子上連接兩個氫原子，而右邊第二和第三張圖都是苯，每個碳上只連了一個氫。這是因為苯環上的碳原子平均來說，都和每個鄰居分享一個半的電子，而環己烷上的每個碳只拿一個電子和鄰居分享。有機化合物世界中到處都是苯環。雖然你常會看到苯環畫成三個雙鍵和三個單鍵（如最右邊的畫法），但這不符合事實，其實單鍵以外的鍵結電子是均勻分布在環內的，所以用圓圈來表示更能說明環中的鍵結情況。這兩種都是常見的形式，不過本書中我選用圓圈畫法，因為我覺得它看起來跟傳達的訊息都較清楚。

▶本書羅列的有趣化合物大多都只含幾種原子。這是如何辦到的？只要想想至多由四個碳原子組成的分子，有多少種方法可以安排碳和氫的相對位置：有整整五十種！有些排法很常見，有些則很特別，還有些幾乎連不起來。這當中大多數都已經合成出來、經過研究，也命名好了。

▲乙烷

▲乙烯

▲乙炔

▲環己烷

▲苯

▲苯

▲甲烷

▲乙烷

▲乙烯

▲乙炔

▲環丙烯

▲環丙炔

▲丙烷

▲丙烯

▲丙炔

▲丙二烯

▲環丙烷

▲環丙二烯

▲環丙三烯

▲2-甲基丙烷

▲2-甲基丙烯

▲丁烷

▲2-丁烯

▲2-丁炔

▲甲基環丙烷

▲1-甲基環丙烯

▲1-丁烯

▲1,2-丁二烯

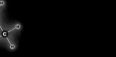
▲3-甲基環丙烯

▲甲基環丙二烯

▲1-丁炔

分子

▲ 正四面體二烯

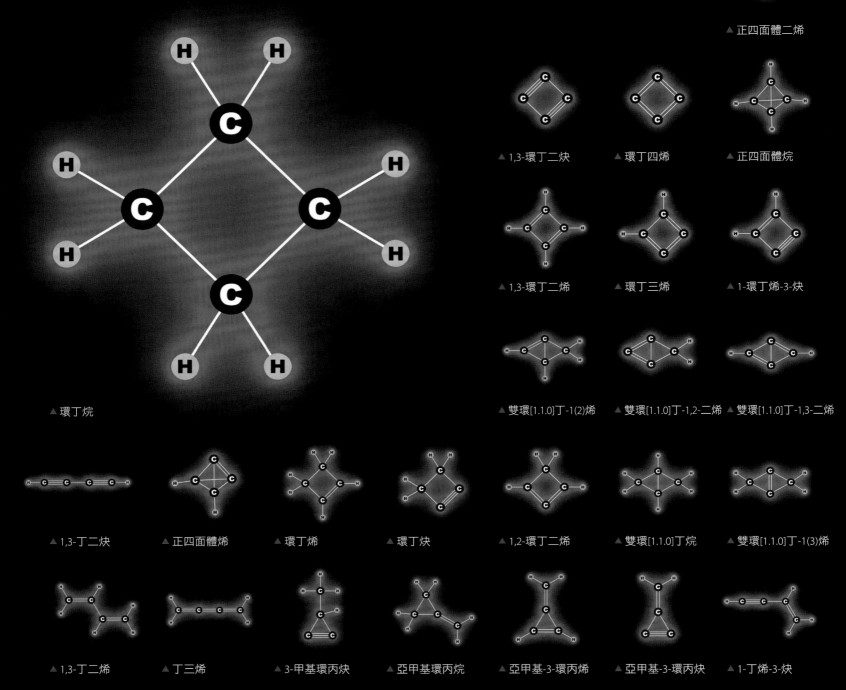

▲ 環丁烷

▲ 1,3-環丁二炔　　▲ 環丁四烯　　▲ 正四面體烷

▲ 1,3-環丁二烯　　▲ 環丁三烯　　▲ 1-環丁烯-3-炔

▲ 雙環[1.1.0]丁-1(2)烯　▲ 雙環[1.1.0]丁-1,2-二烯　▲ 雙環[1.1.0]丁-1,3-二烯

▲ 1,3-丁二炔　▲ 正四面體烯　▲ 環丁烯　▲ 環丁炔　▲ 1,2-環丁二烯　▲ 雙環[1.1.0]丁烷　▲ 雙環[1.1.0]丁-1(3)烯

▲ 1,3-丁二烯　▲ 丁三烯　▲ 3-甲基環丙炔　▲ 亞甲基環丙烷　▲ 亞甲基-3-環丙烯　▲ 亞甲基-3-環丙炔　▲ 1-丁烯-3-炔

原子骨架

我們前面看過的化學圖例呈現了原子彼此連接的方式。這些圖把分子畫成平面，但事實上分子是三維空間的物體。不過把結構畫成平面，比較容易看出每個原子和鄰居相接的方式，也就約定成俗了。

實體模型可以呈現分子真實的三維形狀。電腦模擬也辦得到，而且還可以在螢幕上旋轉或放大。

▶ 這個塑膠的球棍模型把加巴噴丁的三維結構展示得還不賴，但要旋轉才看得清楚。若是只從一個角度看，有些部分會看不到。但就跟平面分子圖一樣，那些連接的線條是不存在的，真實分子是沒有那些硬球或棍子的。

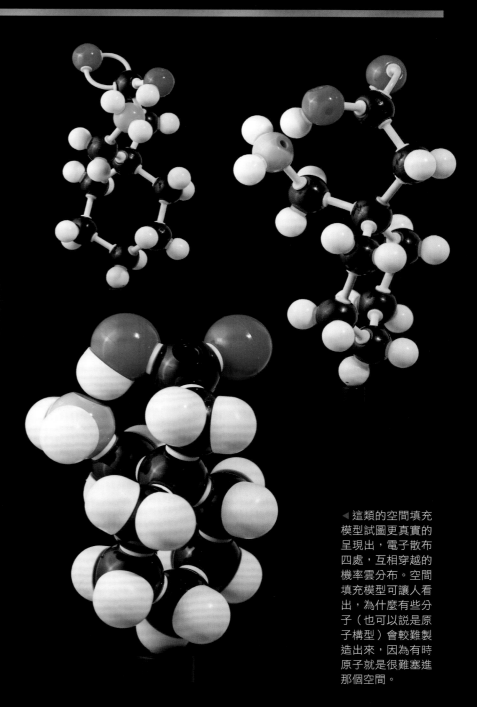

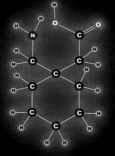

▲ 加巴噴丁是治療神經痛的藥物。由上圖中可看出它的原子如何相連。這是呈現分子裡，原子種類和原子彼此鍵結的合理方式，但卻無法呈現出三維結構。

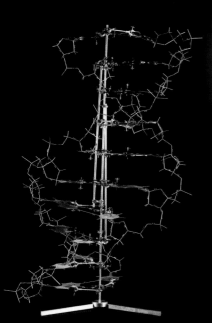

▲ 化學家習慣以實體模型展示較小的分子，但在電腦可代司其職前，他們連大分子都會以實體模型組合出來。上圖是華生和克里克建造的一小段 DNA 模型，他們用此來研究裡頭的原子互相吻合的方式。最終他們搞清楚了，就用這個模型向大家解釋 DNA 的雙螺旋結構。

◀ 這類的空間填充模型試圖更真實的呈現出，電子散布四處，互相穿越的機率雲分布。空間填充模型可讓人看出，為什麼有些分子（也可以說是原子構型）會較難製造出來，因為有時原子就是很難塞進那個空間。

可能性
大噴發

如此眾多的化學現象，牽涉到的原子竟不超過十種，真叫人吃驚。差不多整個有機化學和生物化學領域，都只牽扯到碳、氫、氧、氮、硫、鈉、鉀、磷，以及偶爾少量出現的極少數幾種元素。

無機化合物包含的元素種類要多得多，但說實在的，就算把各種有趣的無機化合物都加起來，也只占了化學大觀園中的一小角落（無機化學家抱歉啦）。現代化學的著力點是碳，因為碳是生命的元素，是生物體大多數重要分子的基本組成要件。

本書接下來的章節將逐一走訪化學大觀園的各個廳堂。這是一間「元素之屋」，屋裡裝飾了可愛的分子，包括有機的和無機的、安全的和不安全的、讓人喜歡的或討厭的。正如每種生物都有自己的一席之地（蚊子也不例外），每種分子也都想引人矚目，要人知道它為豐富的大自然貢獻了什麼（消毒水也不例外）。

◀ 在第3章，我們會學到，這個化合物的合成如何促使知道它的每個人，都不得不重新思考生命最深刻的問題。

▶ 在第4章，我們會學到脂肪酸如何讓你保持清潔。

◀ 在第5章，我們會學到為什麼這東西這麼黏。

▶ 在第2章，我們會學到「甜硫酸」是什麼碗糕，以及為什麼一個化合物會有三個名字。

▶ 在第6章，我們會學到化合物是打哪來的。

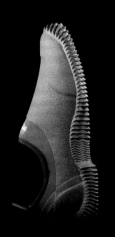

▲ 在第 7 章，我們會學到有一種長得像鞋子的分子。

▲ 在第 8 章，我們會學到這些針筒是用來注射什麼，還有罌粟花有什麼威力。

▲ 在第 9 章，我們會學到為什麼其中一個碗會比另一個小這麼多。

▲ 在第 10 章，我們會學到為什麼天然香草萃取物有放射性，合成香草精則無。

▲ 在第 11 章，我們會學到這個裝置是做什麼用的。

▶ 在第 12 章，我們會學到為什麼分子很少會五彩繽紛。

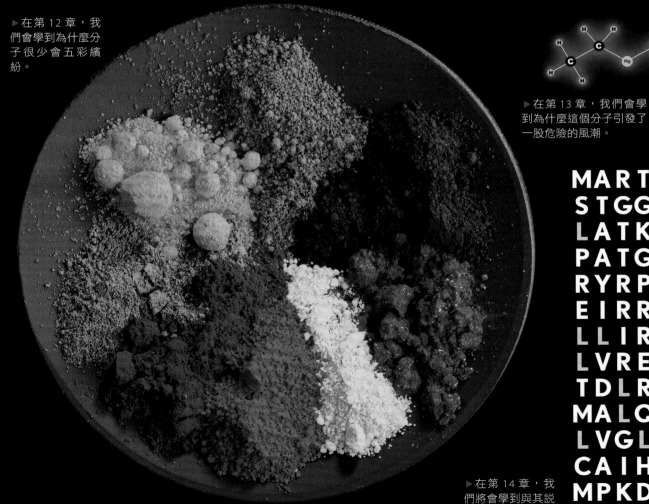

▶ 在第 13 章，我們會學到為什麼這個分子引發了一股危險的風潮。

▶ 在第 14 章，我們將會學到與其說是分子，還更像是電腦的分子。

MARTKQTARK
STGGKAPRKQ
LATKAARKSA
PATGGVKKPH
RYRPGTVALR
EIRRYQKSTE
LLIRKLPFQR
LVREIAQDFK
TDLRFQSSAV
MALQEASEAY
LVGLFEDTNL
CAIHAKRVTI
MPKDIQLARR
IRGERA

名字的力量

當年我會修有機化學，理由可能再蠢不過了：因為我喜歡那些化合物的名字。倒不是說它們聽起來如何，而是因為這些名字自成一格，可以連結至一門深刻美麗的知識。我思考這些名字的意義，以及它們如何為其他的名字也賦予了意義，那是我第一次真正能欣賞為事物命名的力量。

正如艾略特對貓的敘述*，許多化合物也有三個名字。

如果它們從古早就為人所知，就會有一個來自煉金術的古老名字。這些如詩的名字，通常說明了它們來自何方，而非關其本質，因為當時沒有人真的知道自己經手了些什麼。

舉例來說，在煉金術的語言中，「甜礬油」是把「礬油」和酒精一起加熱的產物。順帶一提，「礬油」是烘烤「綠礬」的產物，酒精則是酒加熱時首先揮發出來的物質。

我喜歡這些名字，因為它們讓人聯想到巫師和藥劑，但這些名字卻無法透漏出半點物質真正的本質。

*譯注：指英國詩人艾略特（Thomas Sterns Eliot,1888-1965）的詩集《老負鼠的貓經》（*Old Possum's Book of Practical Cats*），它也是百老匯音樂劇「貓」的劇本由來。

◀煉金術士在今日常被貶為試圖點鉛成金的迷信騙徒，但他們其實是大自然用心的學徒，許多最早的發現都出於煉金術士。1700 年代化學躍升為現代科學，也是他們奠下的基礎。

來自煉金術的名字

這裡有兩個用煉金術化學物名稱寫成的化學反應。這些名字真美,但這個反應是什麼意思?注意到第二個反應中,反應式的兩邊都有礬油這一項,表示這種物質在過程中既沒有真的消耗掉,也沒有改變,但卻仍要存在才能使酒精轉變。為什麼呢?

▶ 這張圖顯示以現代玻璃曲頸瓶處理綠礬,是古早用陶製曲頸瓶烘烤的透視版。但是綠礬究竟是啥?這個名字有歷史意義,但與其他化合物毫無關連,因此無法從名字追查出真正的意思。

綠礬

◀ 把酒蒸餾為酒精是最早的化學過程之一。這是以物理方法大致把酒分成兩種化合物:水和酒精。你大概猜得到酒精的現代名字了。

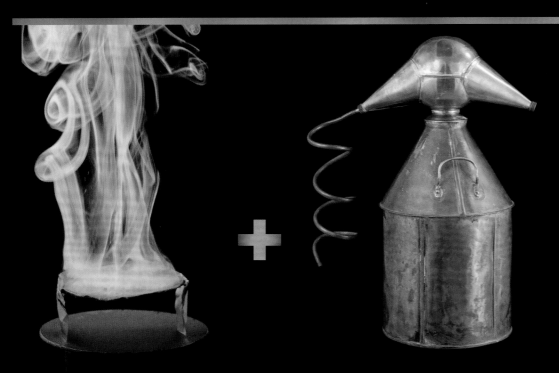

礬油 + 酒精 + 熱 −

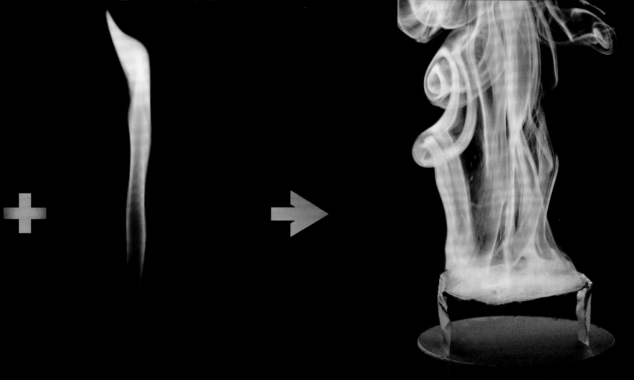

+

熱

→

礬油

◀ 礬油（Oil of vitriol）是會冒煙的討厭物質，它也是「尖酸刻薄」（vitriolic）這個英文字的來源，用來形容政客間常見的唇槍舌劍（因為他們無法像文明人一般交談）。這個字用在政客或這種物質上都太貼切了。但是礬油到底是什麼呢？

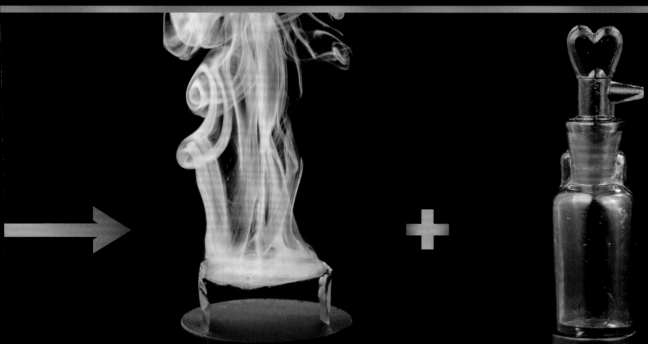

→

礬油

+

甜礬油

◀ 甜礬油是真的甜，但它誘人的特質可危險了。

俗名

四水白鐵礬

所有現在廣泛使用的化合物，在交易時都用俗名。例如今天我們把不同濃度的礬油稱為電池酸、鉛室酸，或格拉末塔*酸。

你可能聽過電池酸。雖然這個名字能告訴你它用在哪裡，但是真的有告訴你這個東西是什麼嗎？

甜礬油就是俗稱的乙醚，過去用作外科麻醉劑。綠礬沒有現代的俗名，但有時會以礦物型式的名字稱呼它為：四水白鐵礬。

酒精當然就是乙醇了。這個名稱很熟悉，你可能知道乙醇和木醇有很大的不同，但差別在哪裡呢？

要真正了解這些物質，你需要知道它們的第三個名字，也就是賦予你力量操縱它們的名字。

*譯注：格拉末（Glover）塔，格拉末塔是工業上以鉛室法大量製造高濃度硫酸時，使用的高溫精煉塔。

▼ 下方的反應式看起來比較熟悉了，但還是沒什麼道理。到底為什麼電池酸加上酒就會生成把你迷昏的氣體？好吧，説不定還真的有點道理，不過我説的是，這在「化學上」是怎麼辦到的？

▲ 四水白鐵礬是綠礬的一種礦物型式。但這樣我還是沒告訴你這是什麼！

電池酸　　　　　　　酒　　　　　　　熱

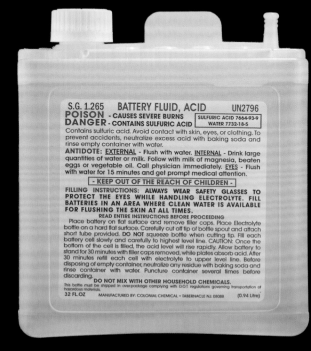

◀ 市面上買得到，供人體使用的最高純度酒精是百分之九十五的乙醇，另外的百分之五是水（酒精飲料的「純度」是酒精濃度百分比的數字乘2。例如這一瓶百分之九十五的酒，純度標示為190）。

熱

+

▶ 電池酸是車用鉛蓄電池中的一種強酸。這個名字只說明了它用在哪裡，但沒有說清楚它到底是什麼。

→

電池酸

S.G. 1.265 BATTERY FLUID, ACID UN2796
POISON - CAUSES SEVERE BURNS
DANGER - CONTAINS SULFURIC ACID
SULFURIC ACID 7664-93-9
WATER 7732-18-5
Contains sulfuric acid. Avoid contact with skin, eyes, or clothing. To prevent accidents, neutralize excess acid with baking soda and rinse empty container with water.
ANTIDOTE: <u>EXTERNAL</u> - Flush with water. <u>INTERNAL</u> - Drink large quantities of water or milk. Follow with milk of magnesia, beaten eggs or vegetable oil. Call physician immediately. <u>EYES</u> - Flush with water for 15 minutes and get prompt medical attention.
| - KEEP OUT OF THE REACH OF CHILDREN - |
FILLING INSTRUCTIONS: ALWAYS WEAR SAFETY GLASSES TO PROTECT THE EYES WHILE HANDLING ELECTROLYTE. FILL BATTERIES IN AN AREA WHERE CLEAN WATER IS AVAILABLE FOR FLUSHING THE SKIN AT ALL TIMES.
READ ENTIRE INSTRUCTIONS BEFORE PROCEEDING
Place battery on flat surface and remove filler caps. Place Electrolyte bottle on a hard flat surface. Carefully cut off tip of bottle spout and attach short tube provided. **DO NOT** squeeze bottle when cutting tip. Fill each battery cell slowly and carefully to highest level line. CAUTION: Once the bottom of the cell is filled, the acid level will rise rapidly. Allow battery to stand for 30 minutes with filler caps removed, while plates absorb acid. After 30 minutes refill each cell with electrolyte to upper level line. Before disposing of empty container, neutralize any residue with baking soda and rinse container with water. Puncture container several times before discarding.
DO NOT MIX WITH OTHER HOUSEHOLD CHEMICALS.
This bottle must be shipped in overpackage complying with D.O.T. regulations governing transportation of hazardous materials.
32 FL.OZ MANUFACTURED BY: COLONIAL CHEMICAL • TABERNACLE N.J. 08088 (0.94 Litre)

電池酸

←

S.G. 1.265 BATTERY FLUID, ACID UN2796
POISON - CAUSES SEVERE BURNS
DANGER - CONTAINS SULFURIC ACID
SULFURIC ACID 7664-93-9
WATER 7732-18-5
Contains sulfuric acid. Avoid contact with skin, eyes, or clothing. To prevent accidents, neutralize excess acid with baking soda and rinse empty container with water.
ANTIDOTE: <u>EXTERNAL</u> - Flush with water. <u>INTERNAL</u> - Drink large quantities of water or milk. Follow with milk of magnesia, beaten eggs or vegetable oil. Call physician immediately. <u>EYES</u> - Flush with water for 15 minutes and get prompt medical attention.
| - KEEP OUT OF THE REACH OF CHILDREN - |
FILLING INSTRUCTIONS: ALWAYS WEAR SAFETY GLASSES TO PROTECT THE EYES WHILE HANDLING ELECTROLYTE. FILL BATTERIES IN AN AREA WHERE CLEAN WATER IS AVAILABLE FOR FLUSHING THE SKIN AT ALL TIMES.
READ ENTIRE INSTRUCTIONS BEFORE PROCEEDING
Place battery on flat surface and remove filler caps. Place Electrolyte bottle on a hard flat surface. Carefully cut off tip of bottle spout and attach short tube provided. **DO NOT** squeeze bottle when cutting tip. Fill each battery cell slowly and carefully to highest level line. CAUTION: Once the bottom of the cell is filled, the acid level will rise rapidly. Allow battery to stand for 30 minutes with filler caps removed, while plates absorb acid. After 30 minutes refill each cell with electrolyte to upper level line. Before disposing of empty container, neutralize any residue with baking soda and rinse container with water. Puncture container several times before discarding.
DO NOT MIX WITH OTHER HOUSEHOLD CHEMICALS.
This bottle must be shipped in overpackage complying with D.O.T. regulations governing transportation of hazardous materials.
32 FL.OZ MANUFACTURED BY: COLONIAL CHEMICAL • TABERNACLE N.J. 08088 (0.94 Litre)

+

▶ 乙醚是外科手術使用的第一個「麻醉劑」，它為醫學帶來驚人的進展。在1800年代引入乙醚前，標準程序是病人先灌白蘭地，嘴巴咬緊東西，然後祈禱外科醫生手腳快一點，因為刀刀皆會有感。

乙醚

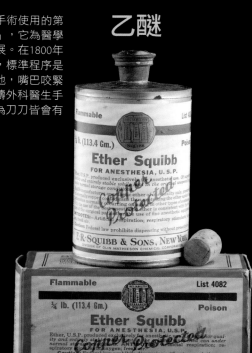

系統化命名

1800年代早期，大家終於認清所謂的化合物，是特定原子種類以特定比例和不同排列方式所形成。例如，現在我們知道綠礬的分子含有一個鐵原子、一個硫原子、四個氧原子。不單如此，我們還知道這四個氧原子和硫原子之間有很強的鍵結，這五個原子彼此間的鍵結方式，又不同於它們與鐵之間的鍵結。

綠礬的現代系統化名字的各部分，隱含了以上所述的資訊。綠礬叫做硫酸亞鐵，化學式為 $FeSO_4$。我們仔細來看這個名字。

「硫酸」指的是四個氧原子圍繞在一個硫原子身旁，也就是 SO_4 那一塊。 你將發現這個詞還會出現在無數化合物的名字裡（稍後會有更多例子）。「鐵」當然是說鐵元素，鐵的化學符號Fe有歷史根源。「亞鐵」說的是鐵在這個化合物中帶的電荷是正二價，代表它形成化合物時丟掉了兩個電子。

這些反應中每個化合物都有一個現代的命名，其中暗藏了關於此化合物真實特性的知識。接下來幾頁中，我們將對每個例子做更多詳細說明。系統化命名幫助我們更了解這些物質，更重要的是使我們了解，這些物質彼此之間為何會以某種特定、可重複的方式互相轉換。

這些名字的力量正是化學的核心。

▶ 現代的系統化命名和化學反應式可以清楚呈現反應中發生的事：反應式兩側所含的元素種類、數量都是相同的（表示這個反應式是平衡的）。元素只是重新排列成新的基團，形成了新的化合物。看到下方的反應式裡，兩個較小的乙醇分子如何連接成一個較大的乙醚分子，連接處還脫去了一個水分子嗎？這可以解釋多少事情！看到 H_2SO_4（硫酸）在反應式的兩邊都維持不變嗎？這表示它是「催化劑」，促使反應發生，但不會在反應中消耗。（不過硫酸的濃度確實會因為反應產生了水，變得愈來愈稀。）

▶ 綠礬（硫酸亞鐵）加水烘烤，會產生礬油（硫酸），指的是次頁的這個反應。

▼ 礬油（硫酸）和酒精（乙醇）一起加熱，指的是下面這個反應。

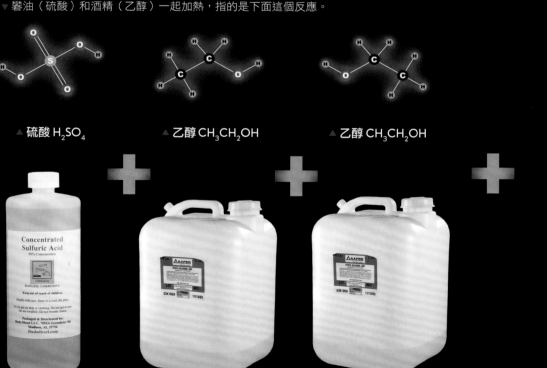

▲ 硫酸 H_2SO_4　　　▲ 乙醇 CH_3CH_2OH　　　▲ 乙醇 CH_3CH_2OH

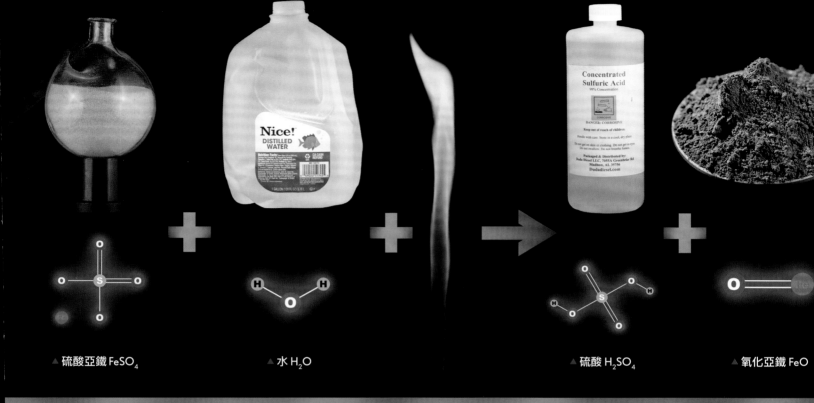

▲ 硫酸亞鐵 $FeSO_4$　　　▲ 水 H_2O　　　　　　　　▲ 硫酸 H_2SO_4　　　▲ 氧化亞鐵 FeO

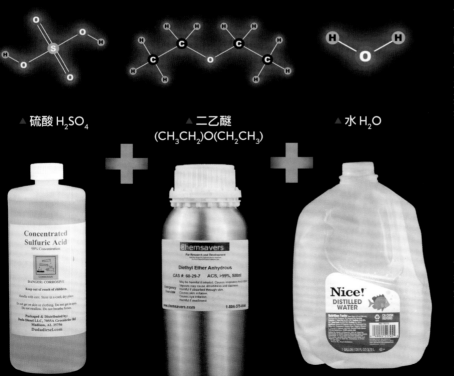

▲ 硫酸 H_2SO_4　　▲ 二乙醚　　　▲ 水 H_2O
　　　　　　　　$(CH_3CH_2)O(CH_2CH_3)$

◀ 既然每個化合物的身分都釐清了，我們就能將它們分離、純化、個別分裝。這些物質都很容易拿到，不過好笑的是，純的二乙醚可比純乙醇要好買多了，這是因為課稅的緣故。用來喝的乙醇課的稅很高，所以不是用來喝的乙醇都會經過「變性」也就是添加百分之五的甲醇和異丙醇，使它有毒性，這樣販售時就不加稅。可以喝的乙醇，販售時幾乎都含有百分之五的水，因為要再除去這剩餘的水成本太高了，也沒必要（反正是要喝的）。如果你需要完全純化的乙醇，不但要付稅，還要負擔除水的成本。

▲ 有沒有發現，上頭的反應式裡還有一個化合物沒講到，FeO，也就是氧化亞鐵。此處我們用一個簡化的陽離子來代表。其實這個反應很可能會產生幾種不同的鐵氧化物組合，例如含三價鐵離子的氧化鐵（Fe_2O_3）或含有三價鐵離子和二價亞鐵離子的Fe_3O_4，但這在此不重要。重點是，使用化學式來代表反應物和產物，顯示了之前表示反應的方式有多不完整。以前的名字無法展現出所有物質皆由元素構成，而且元素不滅的本質。你放進去的東西，一定會和拿出來的完全平衡。因為化學是關於原子如何排列的遊戲，它不會創造或毀滅原子。

名字的

名字教你的事：
鹽類

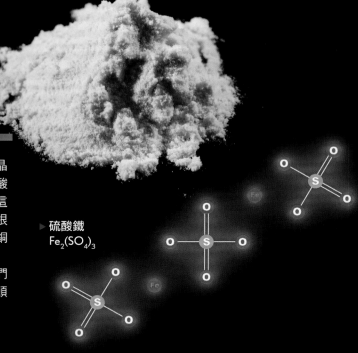

系統化命名最棒的地方，是可以包含各種變化。比如從綠色的硫酸亞鐵（$FeSO_4$）開始，若把二價的亞鐵離子改成三價的鐵離子，就會變成黃色粉狀的硫酸鐵（$Fe_2(SO_4)_3$）。由於硫酸根還是帶負二價，但每個鐵離子是正三價，為了讓整體電荷為零，每兩個鐵離子要配三個硫酸根。

若是把鐵換成銅，那你就有了硫酸銅，它可以長成可愛的大塊藍色晶體。留下鐵，但是把硫酸根換成碳酸根（CO_3^{2-}），你就有了碳酸亞鐵，這是白色有光澤的晶體。把鐵跟硫酸根都換掉，你就有了碳酸銅，呈現出銅金屬歷經風霜的綠色。

這些化合物都屬於礦物鹽類。由它們的系統化命名，你可以清楚得知裡頭含有哪些元素，分別占多少比例。

▶ 硫酸鐵
$Fe_2(SO_4)_3$

▼ 硫酸根和鐵元素以同比例結合而成的物質有很多名字：綠礬、硫酸亞鐵，以及四水白鐵礬。

▲ 硫酸根和鐵元素以二比三的比例結合而成的黃色粉狀物是硫酸鐵，它還有一些其他的礦物名，但都不是很常見，而且這些礦物都混有其他成分。

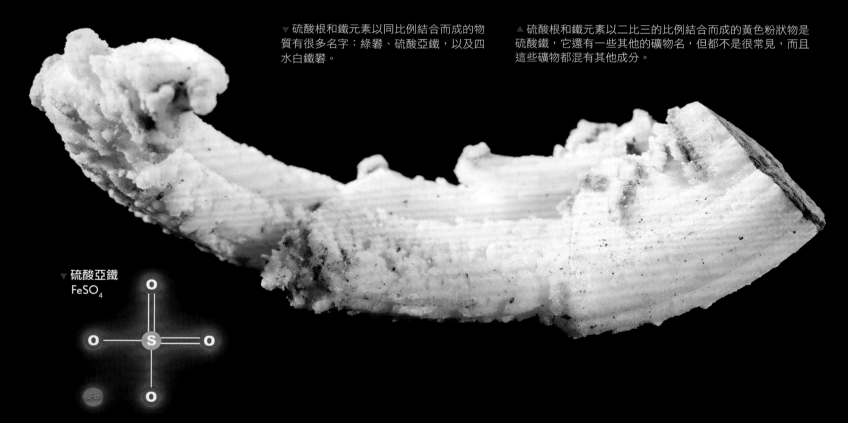

▼ 硫酸亞鐵
$FeSO_4$

▶ 硫酸銅很容易長成大顆的藍色晶體。大顆的個別晶體會當成標本販售，但就算是以一袋二十二公斤裝賤賣的硫酸銅，結晶度還是很高。我就有一袋，原是要用來去除湖裡的藻類，但我不曾使用，因為我發現這對青蛙有毒。

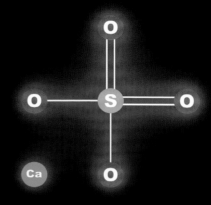

▼ 硫酸銅
CuSO_4

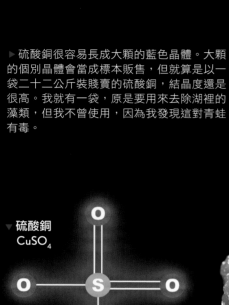

▲ 硫酸鈣 $CaSO_4$

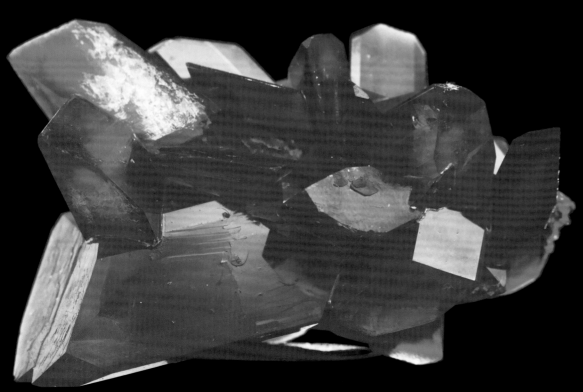

▲ 硫酸鈣有幾種形式，取決於它的晶體結構裡夾帶多少水分子。每個硫酸鈣單位夾帶兩個水分子的晶體稱為石膏，而石膏做成寫黑板用的棍狀物時稱為粉筆。

名字教你的事：鹽類

▶ 菱鐵礦中含有碳酸亞鐵，這是一種重要的含鐵礦石。（更多礦石的介紹請見第6章）

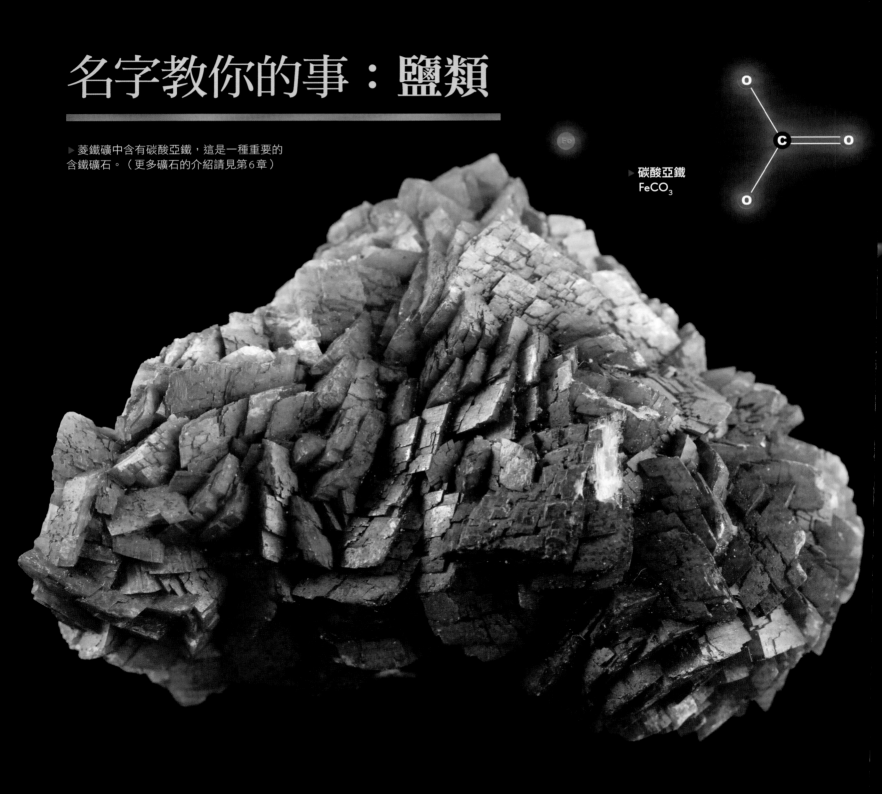

▶ 碳酸亞鐵
FeCO$_3$

▼碳酸銅 CuCO$_3$

▲碳酸銅再加上氫
氧化銅,就形成了
銅屋頂上的綠鏽,
稱為「銅綠」。

▶海貝殼跟石灰岩一樣,都是碳酸鈣組
成的。這不是巧合,世界上很大比例的
石灰岩,正是由各種海底生物的破碎殘
骸形成的,檢查它們的微觀結構就可看
出了。試想,歷經了多麼恆長的時間,
無數代的珊瑚、蛤蠣、微生物過完一
生,死去沉入海底,留下遺贈,才讓我
們鋪得出一條碎石車道。當然囉,我們
的生命沒這麼有意義。我們什麼也沒留
下,幾年內就爛成植物的食物與肥料。
這些生物卻能造山,我們的城市就建造
在它們的骸骨上。

▶碳酸鈣
CaCO$_3$

名字教你的事：
酸類

跟硫酸亞鐵一樣，硫酸（H_2SO_4）含有由一個硫和四個氧原子組成的基團，但這時它們不是和鐵原子相連，而是和兩個氫原子些微相連。就是這些掛得鬆鬆的氫原子造就了硫酸的酸性。

「酸」這個字特指溶解在水中時，可以釋放出自由氫離子的物質。酸類有辦法吃掉你的臉蛋，以及它的其他種種本事，都是由於這些氫離子。酸類分子中，氫以外的其餘原子，重要性在於，它們決定了會釋放出多少氫離子（也就是酸的強度）。

酸類釋放氫離子的程度差異很大，很強的酸幾乎會完全釋放，很弱的酸則只放出一小部分的氫。因此酸類囊括了腐蝕性高的無機化合物到溫和，甚至脆弱的有機化合物，酸性大小取決於是哪些分子釋放了氫。

▲ 氫氯酸

▲ 若把硫酸根換成氯，就成了氫氯酸（HCl），它也是會發煙的高腐蝕性酸，給它一點機會，它會立刻吃了你。這裡你看到的是濃縮氫氯酸倒在石灰岩碎塊上的樣子。濃縮氫氯酸在五金行有賣，叫做濃鹽酸，而石灰岩就是鋪在車道或小路上的那種碎石。酸會攻擊石灰岩。

◀ 硫酸

▶ 麥角酸二乙胺

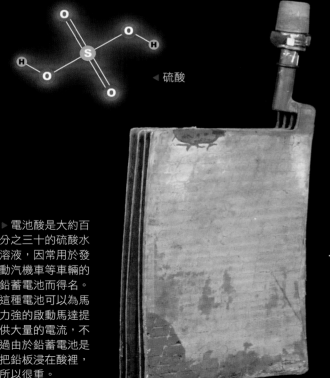

▶ 電池酸是大約百分之三十的硫酸水溶液，因常用於發動汽機車等車輛的鉛蓄電池而得名。這種電池可以為馬力強的啟動馬達提供大量的電流，不過由於鉛蓄電池是把鉛板浸在酸裡，所以很重。

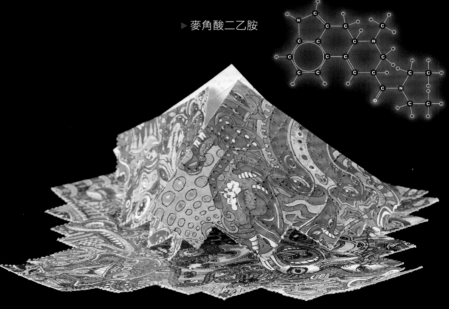

▲ 有些酸很危險，可能會腐蝕你的皮膚。上面這東西也很危險，因為它可能會讓你啃自己的皮膚。「老兄，來點酸吧！」這句話指的就是 LSD 迷幻藥，因為 LSD 的化學的名稱是麥角酸二乙胺。它確實是弱酸，不過對這種物質來說這完全不是重點。上圖是「吸墨紙」，傳統做法是浸潤過 LSD 後分割成許多小方塊，使用時取一片放在舌上吸取（圖片中的吸墨紙是單純的藝術品，不含毒品，可供懷舊的嬉皮合法收藏）。

▶ 檸檬酸是滿弱的有機酸，它帶給橘子、檸檬、萊姆等水果鮮明強烈的味道。這些水果中常出現的另一種弱有機酸是抗壞血酸，又稱維他命 C，是人體維持健康的必要營養物質。

▶ 檸檬酸

▼ 抗壞血酸

名字教你的事：醇類

我們目前談過的化合物中，酒精（或說乙醇）有最高的潛力變得更有趣（不只是因為它能讓人和其他哺乳類喝醉）。酒精是有機化合物的一種，就跟其他所有各式各樣經過研究和命名的化合物一樣。（在第3章裡，我們會談到更多定義化合物為有機物的細節。）

我們在第19和20頁已經看到，單是用碳和氫就能做出很多種化合物。如果再加上氧，你就有了一小批燦爛的化合物：醇、醛、酮、酸和酯，而乙醇就屬其中之一。

一開始吸引我學有機化學的就是這些名字，我想用一系列漸趨複雜的化合物來說明，它們之間如何全都互有關聯。化學家思考分子的方式是把它們視為組件，利用幾世紀以來發展出的技術，用許多不同的方法把它們拼在一塊。

▶ 甲醇

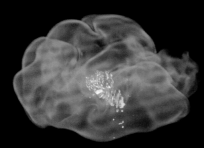

▲ 這是最簡單的非單原子分子：氫氣分子（H_2）。氫是元素，但在室溫的純元素狀態，一定會以這種方式成對存在。所以它是元素，但也是分子（不過它不是化合物，因為裡頭只含一種元素）。

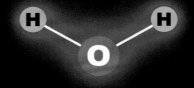

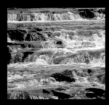

▲ 如果我們在兩個氫原子中間塞進一個氧，就有了 H_2O，它更常見的名字是水。（要把氧塞進兩個氫原子中很容易，在空氣裡燃燒氫氣就會得到水了。）

▶ 水分子中的一個氫原子如果換成簡單的含碳「側鏈」，就成為醇類了。含一個碳的就是甲醇，俗稱木醇，有兩個碳的就是乙醇，俗稱穀物醇。醇類有無數種，但所有的醇類都含有一個「氧連著氫」的基團。所謂「醇」就是以這個 −OH 基定義的。在現代的命名系統中，醇類的英文名字最末端都是 ol。

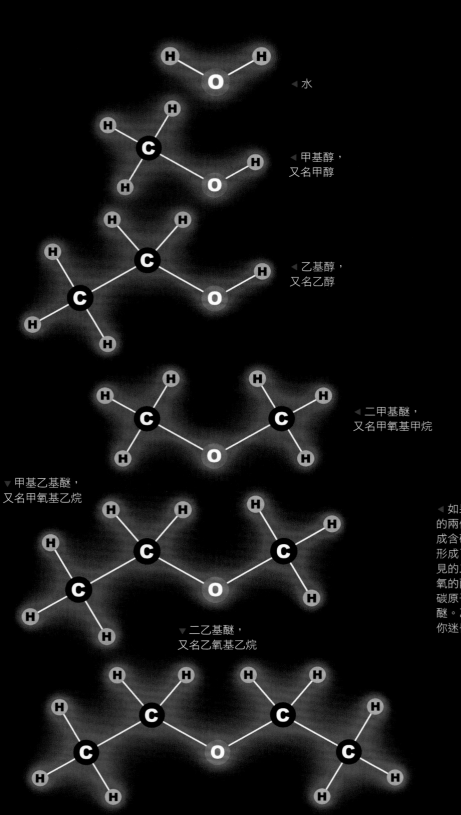

◀ 水

◀ 甲基醇，
又名甲醇

◀ 乙基醇，
又名乙醇

◀ 二甲基醚，
又名甲氧基甲烷

▼ 甲基乙基醚，
又名甲氧基乙烷

▼ 二乙基醚，
又名乙氧基乙烷

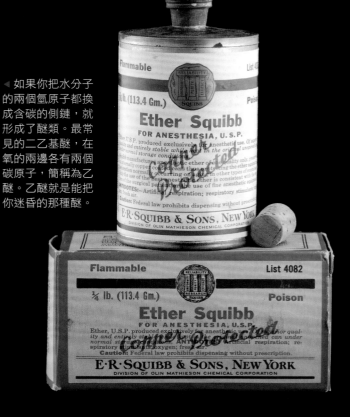

◀ 如果你把水分子
的兩個氫原子都換
成含碳的側鏈，就
形成了醚類。最常
見的二甲基醚，在
氧的兩邊各有兩個
碳原子，簡稱為乙
醚。乙醚就是能把
你迷昏的那種醚。

名字教你的事：醛類

我們可以稍微用不同的方式來替換水的原子：這次把氧原子換成「碳和氧以雙鍵相連」的基團（稱作羰基）。最簡單的例子是福馬林，它在碳氧基團兩邊各有一個氫原子，這種液體有點兒可怕，因為它是用來泡動物標本的。在正式的命名系統中，它稱為甲醛。

如果再把其中一個氫換成含一個碳的側鏈，就成了乙醛。而跟醇類的情況一樣，以此方式能創造出數千種醛類，它們全都含有一個 －CHO 基團。醛類的英文名字最末端都是 al。

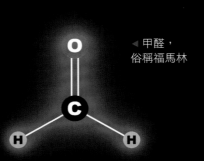

◀ 甲醛，
俗稱福馬林

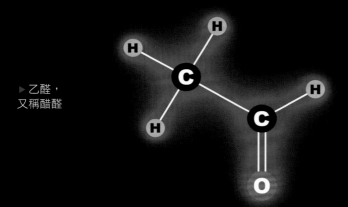

▶ 乙醛，
又稱醋醛

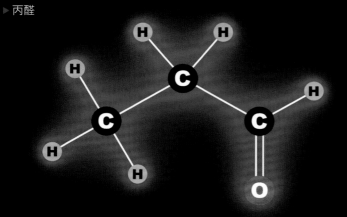

▶ 丙醛

名字教你的事：酮類

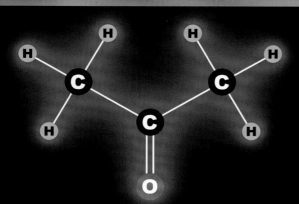

▶ 二甲基酮，
又名丙酮

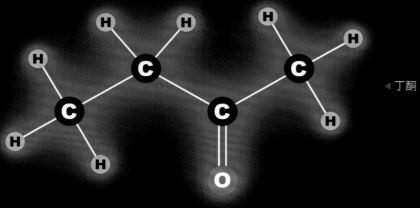

◀ 丁酮

▼ 二乙基酮，
又名 3- 戊酮

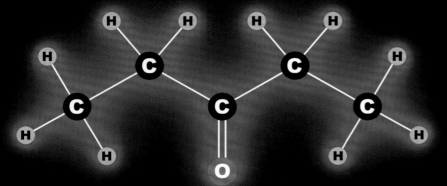

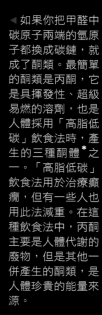

◀ 如果你把甲醛中碳原子兩端的氫原子都換成碳鏈，就成了酮類。最簡單的酮類是丙酮，它是具揮發性、超級易燃的溶劑，也是人體採用「高脂低碳」飲食法時，產生的三種酮體*之一。「高脂低碳」飲食法用於治療癲癇，但有一些人也用此法減重。在這種飲食法中，丙酮主要是人體代謝的廢物，但是其他一併產生的酮類，是人體珍貴的能量來源。

*譯注：三種酮體指的是丙酮、乙醯乙酸和 3- 羥基丁酸。

◀ 你在這幾頁看到的化學物名稱，都是由一組字根所構成，它們分別代表分子各部分含有幾個碳原子。例如「甲」（meth-或form-）代表一個碳，所以甲醇（methanol）就是含有一個碳的醇類，甲醛（methanal）是含有一個碳的醛類。最先的四個的英文名稱很獨特，接下來就會由希臘和拉丁代表數目的字根所組成，例如 penta 代表五、hexa代表六等等。

一個碳：甲-（Meth-, Form-）
兩個碳：乙-（Eth-, Acet-）
三個碳：丙-（Prop-）
四個碳：丁-（But-）
五個碳：戊-（Pent-）
六個碳：己-（Hex-）

名字教你的事：有機酸

我們可以再進一步，把之前談過的羰基（－CO－）和醇基（－OH）連在一起，就成了－COOH基團（稱為羧基）。任何有機分子只要含有這種基團就稱為有機酸。最簡單的甲酸只含一個碳原子；再多加一個碳，就是乙酸（又名醋酸），醋的酸味正來自於此。

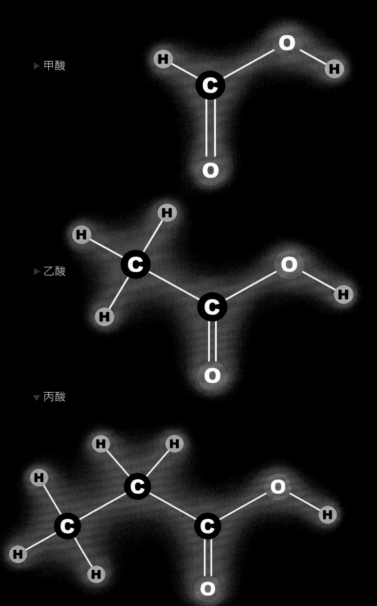

▶ 甲酸

▶ 乙酸

▼ 丙酸

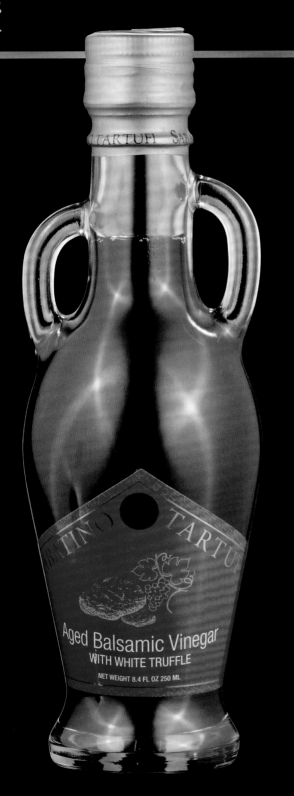

Aged Balsamic Vinegar
WITH WHITE TRUFFLE
NET WEIGHT 8.4 FL OZ 250 ML

名字教你的事：
酯類

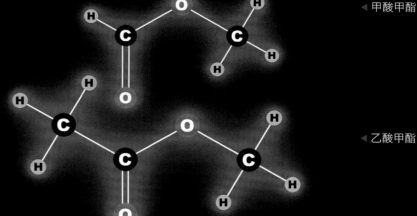

甲酸甲酯

乙酸甲酯

丙酸甲酯

乙酸乙酯

丙酸乙酯

▶當你把有機酸分子末端的氫，換成另一個碳鏈，就產生了這一系列有機物家族中最複雜的成員：酯類。小的酯類具有揮發性，通常有強烈的氣味，而且大多滿好聞的（見第11章）。

名字教你的事：
酯類

▶ 這種酯類在左邊有四個碳，右邊有兩個（稱為丁酸乙酯），是鳳梨的香氣來源。

▶ 這種酯類在左邊有四個碳，右邊有五個（稱為丁酸戊酯），是杏子的香氣來源。

▲ 具有長碳側鏈的酯類是天然蠟的主要成分。例如構成蜂蠟主成分的酯類，在－COO－酯基右側有十五個碳，左側有三十個碳，這種化合物稱為棕櫚酸三十酯。（有關蠟更多的介紹請見第84頁。）

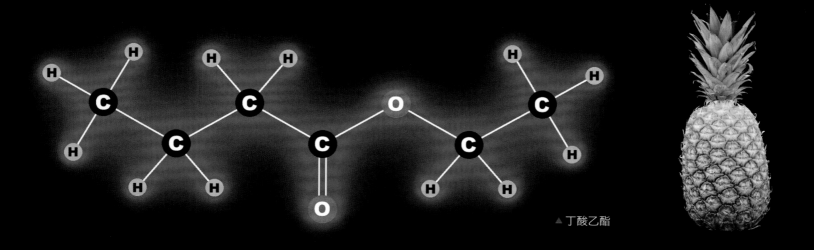

▲ 丁酸乙酯

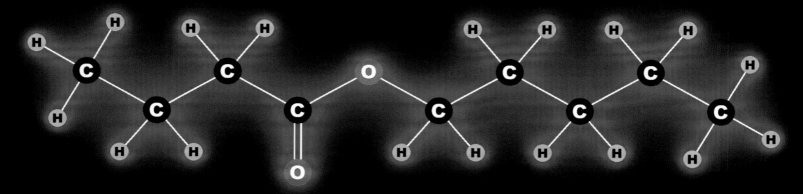

▲ 丁酸戊酯

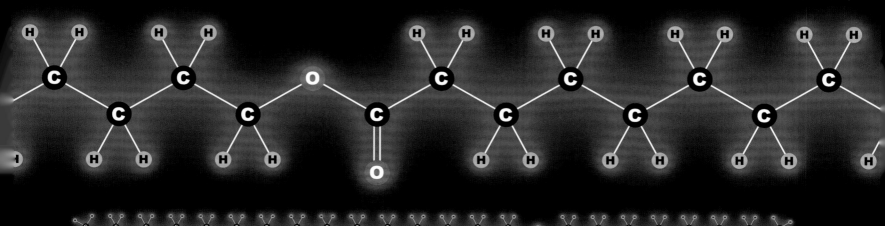

▲ 棕櫚酸三十酯，系統化命名為
十六酸三十酯

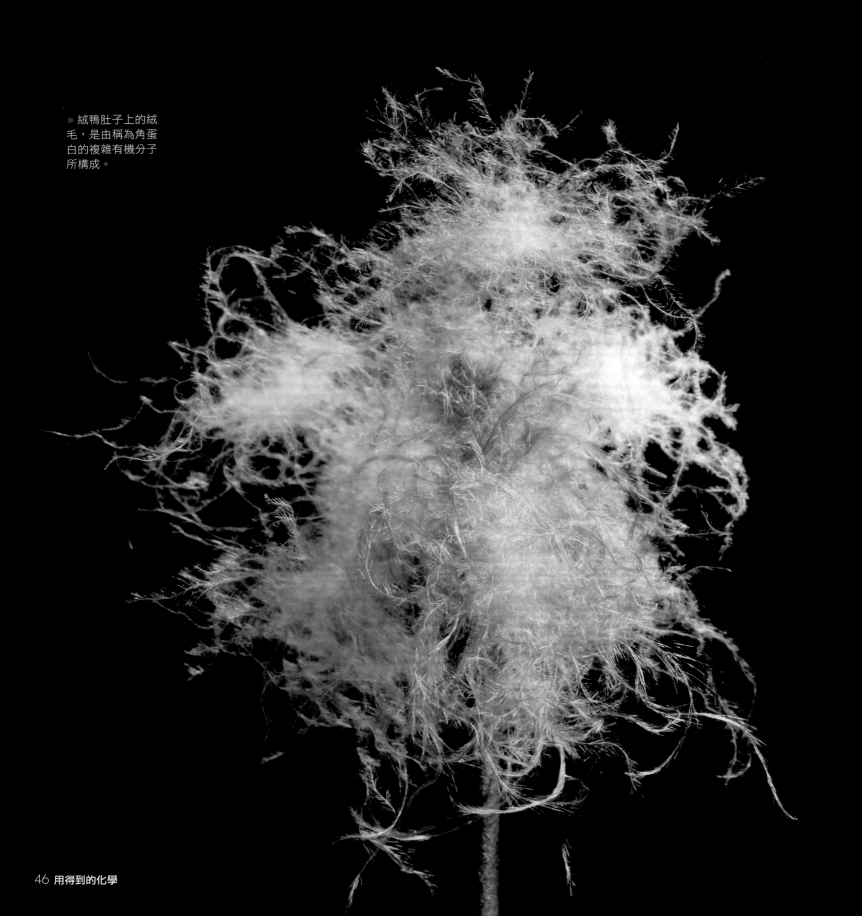

▶ 絨鴨肚子上的絨
毛，是由稱為角蛋
白的複雜有機分子
所構成。

第3章 | 生與死

化合物的世界大略可分為有機和無機兩種。「有機化合物」這個名稱一聽就讓人有柔軟的感覺，像是庭院裡生長的東西。的確，許多有機化合物都和生命有密切關聯。另一方面，「無機化合物」一聽就很堅硬，感覺像岩石，確實岩石一般而言都屬於無機化合物。不過這種用軟硬來定義的方式是不管用的，因為有太多例外了。到底有機和無機的分別是依據什麼來定義呢？

◀ 煤炭看起來像岩石，市場上甚至可能會把它歸類為礦物，但它卻百分之百屬於有機物。

▶ 右方這顆頭骨顯然來自某種生物（更精確來說是來自傘蜥蜴），但卻不屬於有機化合物。它主要是由羥磷灰石構成，是一種磷酸鈣礦物。

▶ 這些是無機的石英晶體嗎？不，這其實是薄荷醇的晶體。薄荷醇是有機物，常出現在精油、咳嗽糖漿還有雪茄中。

▶ 雖然有些油叫做「礦物油」，不過所有的油類都是有機物。

▼ 石棉是可愛而柔軟的纖維，許多方面都很像羊毛，但卻肯定屬於無機物。

有機物是什麼？

如果你要找「有機物」的定義，很多資料都會說有機物是含碳的化合物。這顯然是錯的，因為只要舉一個例子就能證明：石灰岩。石灰岩是無機物，這毫無疑問。它是白色的堅硬物體，是土壤下方的岩盤，不是長在土裡的東西。石灰岩的化學式是 $CaCO_3$ 化學名稱是碳酸鈣。而且它可不是唯一的含碳無機物。

再看仔細一點，你會發現有些資料把有機物定義為「碳和氫互相連結的物質」。許多有機物確實符合這個結構

但這個定義一樣也是用一個例子就能推翻：鐵氟龍。這種完美光滑的物質含有一個碳碳鍵結的骨架，絕對屬於經典的有機化學，顯然毫無疑問是有機聚合物，但是上面一個氫都沒有。還有用在噴罐或冷媒的全氟取代或氟氯碳化合物系列分子（包括會摧毀大氣層的那種，以及其他傷害性比較小的氟氯碳化合物）也都不含氫。

若是如此，對有機物還有什麼明確的定義嗎？

▼ 鐵氟龍是由全氟乙烯所構成，意思是乙烯（C_2H_4）上所有的氫都置換成氟了。

▶ 鐵氟龍的化學名字是聚全氟乙烯，意思是由許多重複的乙烯單元組成的，而且上頭所有的氫都用氟取代。其實它就是聚乙烯，是很常見的塑膠（見第7章），但是用氟代替所有的氫。由於碳氟鍵和碳碳鍵兩種鍵結都非常非常強，鐵氟龍幾乎可以抵抗所有的化學腐蝕。

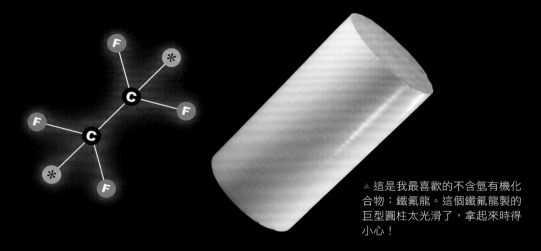

▲ 這是我最喜歡的不含氫有機化合物：鐵氟龍。這個鐵氟龍製的巨型圓柱太光滑了，拿起來時得小心！

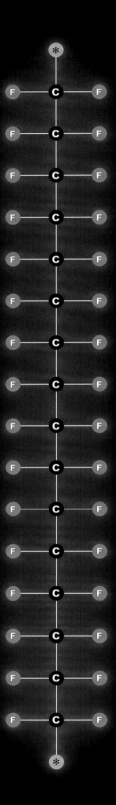

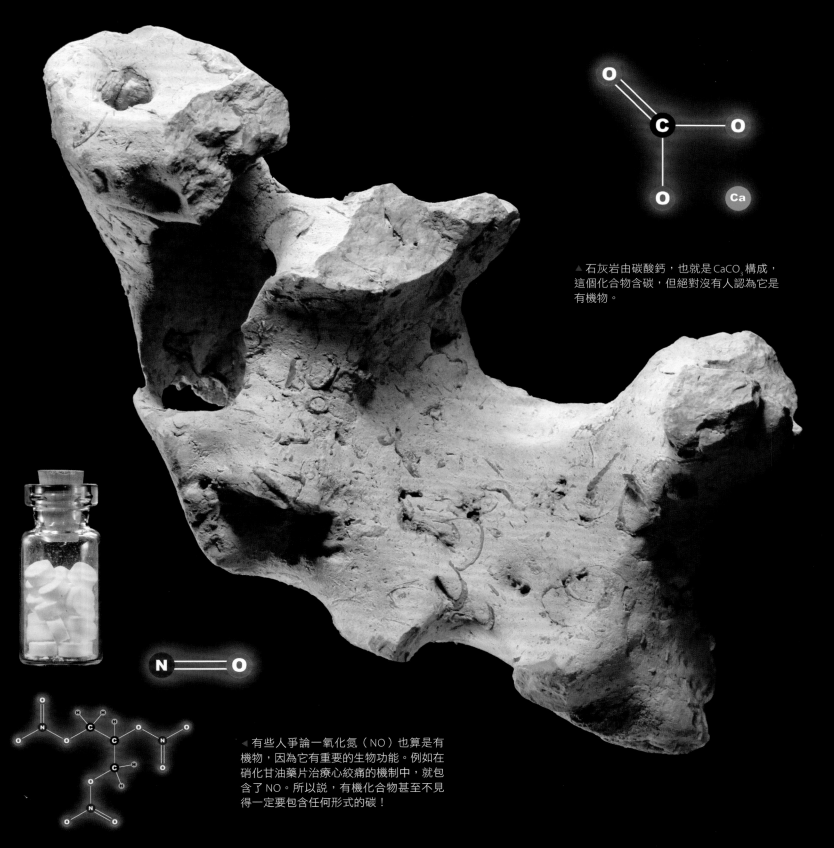

▲ 石灰岩由碳酸鈣，也就是 $CaCO_3$ 構成，這個化合物含碳，但絕對沒有人認為它是有機物。

◀ 有些人爭論一氧化氮（NO）也算是有機物，因為它有重要的生物功能。例如在硝化甘油藥片治療心絞痛的機制中，就包含了 NO。所以說，有機化合物甚至不見得一定要包含任何形式的碳！

生命的化合物

有機化合物的原始定義非常明確：和生命有關的化合物。化學發展的早期年代，許多人相信生物體擁有一種「生命力」，因此才能進行某些化學轉換。而有機化合物來自於生物，也只存在生物體內，由這股神祕的力所創造。

這個定義以及關於「生命力」的整個觀念都在1828年由一個反例推翻了：烏勒（Friedrich Wöhler, 1800-1882）用氰酸銀和氯化銨合成出尿素。

尿素確實是有機物，無庸置疑。氰酸銀和氯化銨則絕對不是有機物。合成尿素的衝擊經過一點時間才沉澱下來，但最終知識份子認清了這個實驗的價值。它一舉擊垮了舊的世界觀，在任何領域都屬於超重要的實驗。

如果人類用一些設備就能製造出生命的化合物，也許生命終究沒有那麼神祕。尿素的合成使煉金術殘留的神祕主義煙消雲散，也讓人打開心門，相信也許終有一天能解開所有的未知。

尿素的合成標明了有機化學成為真正的科學。諷刺的是，它也同時摧毀了「有機物」曾有過的唯一一個好定義。

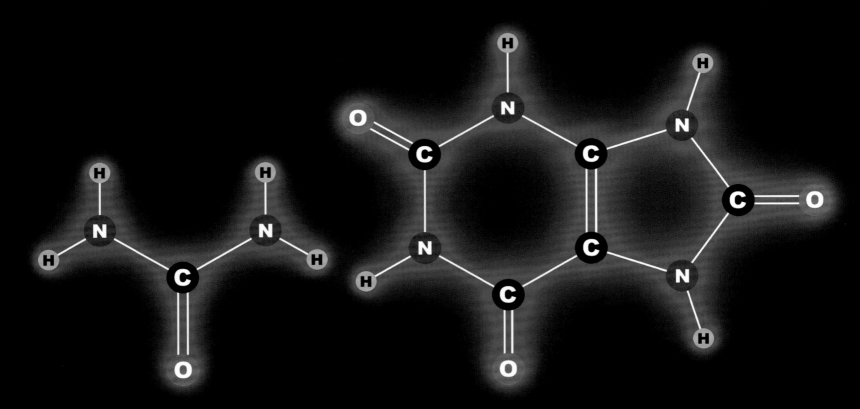

▲ 尿素是個挺簡單的分子。　　　　　　　　　　　▲ 尿酸與尿素有相關。

▶ 尿酸絕對算是有機物。它的名字來自於尿液，正是尿酸含量最多之處。尿酸在許多生物現象中都扮演重要的角色，且一般在生物體外都不會出現（除非是剛從生物體中排出）。

▼ 曾經，學界和工業界都把蛇糞視為珍寶，因為它含有驚人的高濃度尿酸。尿酸當時無法以任何實際可行的方式製造出來。

▼ 氰酸銀的外觀為灰色粉狀物，是不太常見的含銀鹽類，但它毫無疑問是無機物。

▼ 氯化銨在煉金術中的名稱叫做「銨鹽」（sal ammoniac）。好玩的是，用在烙鐵的清潔劑時，它還沿用這個名字。

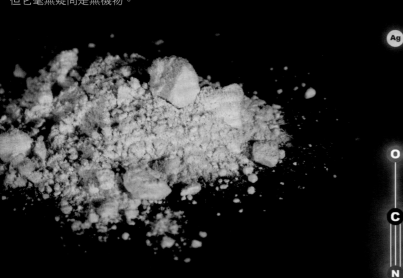

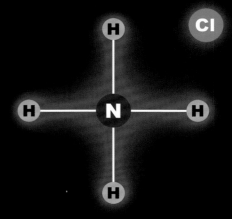

純有機！不含化學物質！

我忍不住要提一下對「有機」這個詞最沒用的定義，偏偏很令人驚訝的是，它也是最常見的用法：也就是打著「全天然」「純有機」「不含化學物質」的食物、營養補充劑、化妝品，甚至染髮劑的廣告。

這種事情實在會讓化學家氣到拔頭髮，而當然，所有的東西都是化學物質（見第10章），哪怕是我剛扯下來的頭髮。至於你剛咬下去的那顆有機蘋果，裡頭有幾百種化學物質。

沒有任何有意義的方法能讓你用「有機」這個字來區分好的跟壞的、天然的跟非天然的、健康食品還是加工食品。化學物質就是化學物質。我們對食物、香料或飲料，該問的有趣問題只有：那些化學物質本來就該存在這裡嗎？這東西對你好嗎？

那些化學物質存在可能是因為受到汙染，這會對你不好嗎？這些化學物質來自何處都無所謂，除非是可以指出這些東西最可能受到何種汙染。

我們還是繼續吧，因為你不會想再聽我嘮叨的。別把那些廣告當成「有機」這個詞真正的定義，知道這點就夠了

▼ 麻黃素

▼ 假麻黃鹼

▼ 甲基安非他命

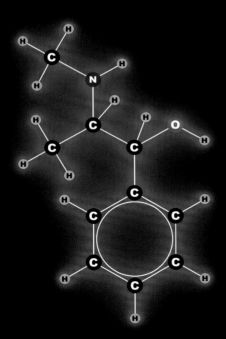 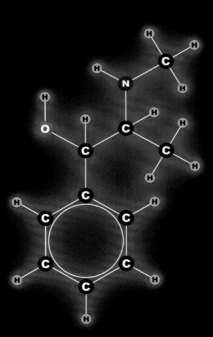 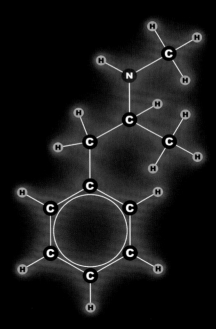

▲ 美國禁止販售含有麻黃素（中藥裡的麻黃）的天然物補充劑。看看來自植物的麻黃素與另外兩種合成藥物，假麻黃鹼〔速達非（Sudafed）等感冒藥中的活性成分〕和甲基安非他命之間驚人的結構相似性，就能略知一二了。

天然的麻黃素很危險，難怪會禁止販售。合成的衍生物甲基安非他命則是遭嚴格取締，顯然是因為比起它的天然物親戚，它更危險，更不健康。但是另一種合成的衍生物速達非，卻是超有效的治鼻塞藥，過去三十年來都是能合法購買的非處方藥（直到有人發現如何把它轉換成甲基安非他命，才開始遭限制）。

▶ 這包靛藍染劑在包裝上大膽標注：「不含化學物質」（NO CHEMICALS）。我的天啊。靛藍不但本身就是化學物質，它還是人造化合物史上最重要的例子之一（見第 200 頁）。

不含化學物質的靛藍，就好像外國交換學生最愛點的三明治：培根生菜番茄三明治，但不加生菜。更諷刺的還在後頭，這些粉末是萃取自綠色植物葉片的粗產物，要變成靛藍典型的藍色，還要在水中加熱。這就開啟了一個「化學反應」，讓樹葉粉末裡的「化學物質」靛草精糖苷水解成 3-羥吲哚和葡萄糖這兩種「化學物質」之後，再接觸空氣使3-羥吲哚「化學」氧化成靛藍這種「化學物質」。

染料一定和「化學物質」有關。哎，但至少當他們說這東西是「全有機」時，還是說對了一件事：靛藍是「有機」化學物質。可惡，我又說出那個詞了。

◀ 不是每一家公司都避免承認他們的產品含化學物質。事實上，這個產品的製造商宣稱，產品裡含的可不是普通化合物，還是「終極」（ULTIMATE）化合物！這是車用的刮傷修護劑，此處的優越宣言來自其中特殊配方的研磨微粒。

▼ 這些鹽標榜為有機鹽，但鹽是無機物啊！

好啦，答案到底是什麼？

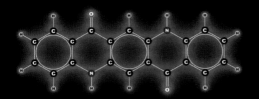

▲ 喹吖酮

說了這麼多，我們現在到底怎麼定義「有機化合物」呢？最廣為接受的定義是：有機化合物是任何含碳的化合物，但不含以下這幾種碳的形式：碳酸根（CO_3^{2-}）、二氧化碳（CO_2）或一氧化碳（CO），不含氰根（CN^-），也不含碳化物，例如碳化鋁（Al_4C_3），也不含……。這個除外清單有點長，也不是很有趣。

這個定義想傳達的重點是，碳是很特別的。碳是唯一的一種元素，可以和自己形成高度複雜的鏈狀、環狀、分支狀、片狀鍵結，且傾向形成複雜多樣的三維結構。若隨意將一把元素加上足夠的碳放在一起，再設置一個會引發反應的環境，你就會得到複雜的有機分子，這些利用碳的天性而成的鏈狀或環狀分子，正是有機化學的核心。

接下來幾章中，我們會看到其中一些有機物，從最討厭的毒藥到最可愛又柔軟蓬鬆的聚鄰苯二甲酸乙二酯都有。

▲ 刺尾魚毒素

▼ 聚丙烯腈

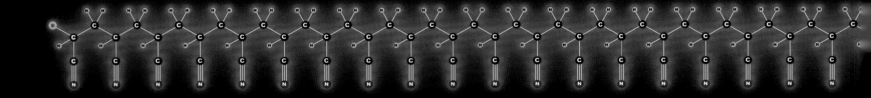

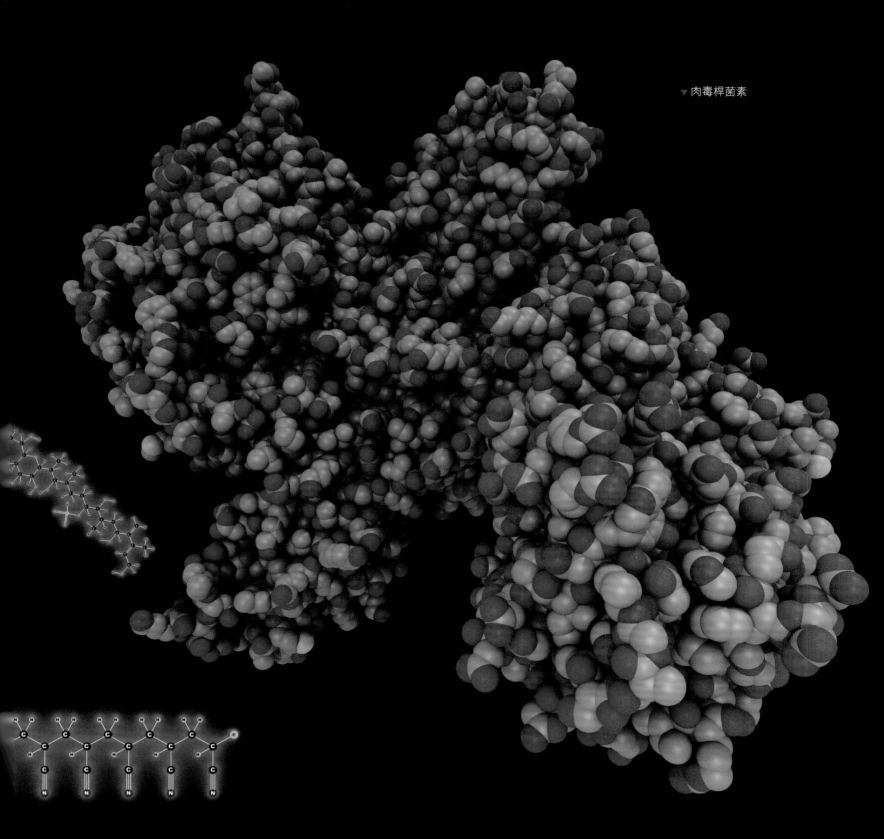

第4章 油與水

油水不溶,但為什麼不溶呢?又為什麼肥皂可以突破它們的心防?這兩個問題的答案在於水、油,以及肥皂分子中的電荷分布。

如第1章所述,原子之間的鍵結有兩種形式:電子要不是完全從一個原子移到另一個原子上(離子鍵),要不就是由兩個原子共享(共價鍵)。

離子鍵的情況是,電荷在分子上的分布不平均。分子會有帶正電和負電的「極」(有點像磁鐵的南北極),稱為極性化合物。例如食鹽就是極性離子化合物。

以共價鍵連結的分子,電荷在原子上的分布較平均,共價分子屬於「非極性」*。油就是常見的非極性化合物例子,稀釋油漆用的溶劑,如己烷或煤油也是非極性的,它們跟水互溶的情況比油好不了多少。

*譯注:若兩個原子共享的電子對密度不是完全平均分布,共價鍵也可能帶有極性,稱為「極性共價鍵」,極性大小介於共價鍵和離子鍵之間,例如水分子中的鍵結,見下方圖說。

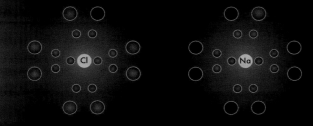

▲ 如第1章所述,鈉和氯結合成食鹽時,會形成高度極性的化合物,負電荷會多半集中在氯原子而非鈉原子上。當原子整體來說有帶電荷時,就稱為離子。

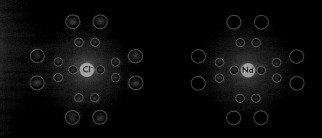

▲ 食鹽是由帶正電的鈉離子和帶負電的氯離子組成的。

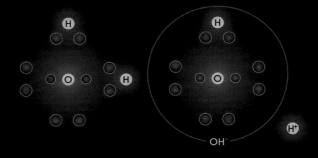

▲ 水(H_2O)嚴格來說不算是離子化合物,但卻帶有極性,因為鍵結的電子比較靠近氧原子,而非旁邊連接的氫原子。水也能夠分為兩個部分,也就是帶正電的氫離子(H^+)和帶負電的氫氧根離子(OH^-)。純水中無時無刻大約都有一千萬分之一的水分子會被分離成這種形式。〔氫離子(H^+)很小,因為它的周圍沒有電子環繞。氫離子其實就是一個裸露的質子,所以它比起任何其他有電子環繞的原子或離子,都小得不得了。〕

▼ 己烷是活潑的液體，外觀有點像水，但在溶解東西的性質上非常不同。

▲ 碳原子彼此鍵結時通常會平均分享電子，不會造成電性分離的現象。油類的基本架構就是如此鍵結成的碳鏈，整條鏈上的電荷平均分布，形成了非極性的油類分子。如我們在第1章學到的，每個碳原子可以形成四個鍵，因為它的最外殼層總共要八個電子才能填滿，但碳自己卻只有四個碳。如果你連接六個碳原子形成一條鏈，再把其他空位用氫原子補滿（鏈中間的碳原子各接兩個氫，末端的碳原子各接三個氫），你就有了己烷，它是汽油、煤油、柴油燃料的基本成分。

▲ 我們晚點會談到肥皂，這裡先來個預告：這塊精緻的香氛橄欖油肥皂來自敘利亞的阿勒坡。儘管它來自異國，但在化學上卻沒有什麼有趣之處，真是令人難過。這是與我長期合作的惠特比（Max Whitby）以前去阿勒坡旅遊時帶回來的，那時當地仍以貿易和工業聞名，而非如今的苦難與死亡。

▲ 每次都把所有的電子畫出來很累人，而且會搞混，所以通常我們會以「球棍模型」來畫分子，用直線表示原子間共享的電子對。本書中我會在線的周圍畫上淡淡的光暈，自我提醒這些線不是真的存在。真正存在的是，圍繞在原子核四周的鬆散電子雲。

極性吸引力

我們學過，食鹽（NaCl）是由帶正電的鈉離子（Na^+）和帶負電的氯離子（Cl^-）所組成。把一塊食鹽晶體放入水中（H_2O，或者也可以寫成HOH），靠近食鹽的水分子會稍做調整，把帶較多正電的氫原子靠近食鹽中的Cl^-離子，吸引它離開食鹽晶體。同樣的，水分子也會把帶較多負電的氧原子靠近食鹽中的Na^+離子，跟它配對。

如此這般，食鹽晶體上的離子接二連三被拉開，最後Na^+離子和Cl^-離子全部分離，在水中自由漂浮。偶爾這些離子（或經水分解出的離子），彼此會形成短暫、鬆散的連結。換句話說，食鹽會溶在水中。

但如果你試圖把食鹽晶體溶在己烷之類的非極性溶劑中，則完全不可能成功。離子需要有另一個相反電性的離子和它們配對，而非極性分子沒有任何集中的電荷，可以吸引食鹽晶體上的離子，使它們離開夥伴。

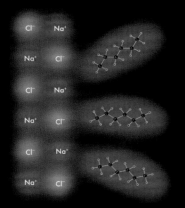

▲ 己烷分子沒有任何極性部分可以吸引食鹽晶體裡的鈉離子和氯離子。所以鈉離子和氯離子選擇繼續互相作伴。食鹽在己烷之類的非極性溶劑中完全不溶。

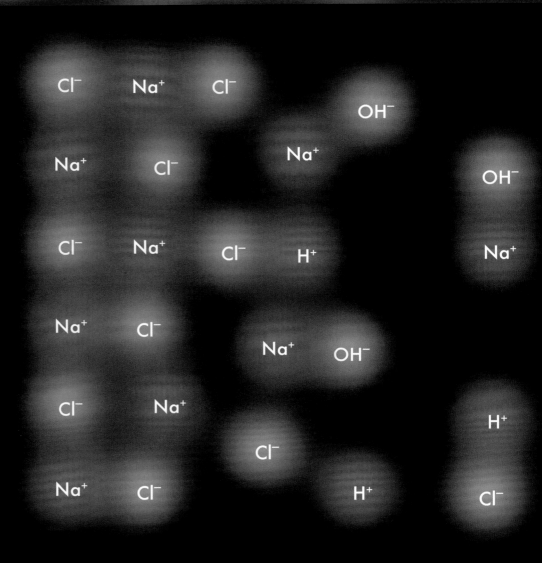

▲ 極性溶劑（尤其是水，水的極性很高，甚至可以部分分解為H^+和OH^-離子）可以擠進極性化合物（如食鹽）中間*，這就是為什麼食鹽這麼能溶於水。

*譯注：更進階的化學觀念中認為水溶液中的氫離子並不會獨立存在，而會附著於一個中性的水分子的氧原子上，形成H_3O^+。

非極性的力量

水的極性讓它在溶劑的表現上，優於所有的非極性溶劑嗎？要溶解離子物質的話，其實水是最強大的已知溶劑之一。但是我們說水是維繫生命所需的物質，卻是因為它不太會溶解我們的皮膚。

擁有極性只在你想溶解極性的東西時，才有好處。溶解是互相的事，每個物質都必須願意和另一種物質混合。所以說，極性的水能不能溶解非極性的油，跟非極性的油能不能溶解極性的水，是同一回事。而我們才剛學過，答案是不能。極性的水分子會寧願待在一起。

如果你拿一些非極性的東西，例如油或潤滑劑，可以滲透其中分子的，唯有其他的非極性分子，這就是為什麼己烷對油來說是好的溶劑。

你看到了：油和水，也就是非極性和極性，它們各自都寧願待在原地，覺得跟對方來往沒什麼好處。這個楚河漢界就跟清教徒和天主教徒、蘋果和微軟、貓和狗的對立一樣牢靠恆久，惟有肥皂能打破僵局。

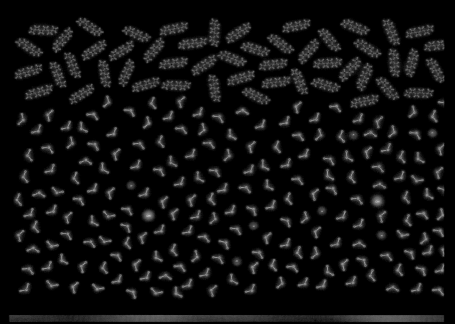

◀ 水非常喜歡跟自個兒的極性鍵結相處，完全沒有興趣介入非極性的油分子。水也不肯讓那些沒有極性的分子介入。

◀ 非極性的己烷分子可以滲入同樣是非極性，但是較長鏈的油分子，因此才會有「煤油可以溶解油」的說法。

▼ 這一塊泰迪熊形狀的肥皂用來提醒你，這章馬上就要開始談肥皂了！

肥皂魔法

肥皂的本事幾乎跟達到世界和平一樣了不起：它可以讓油水互溶。它有這本事是因為，肥皂的分子一端帶極性，另一端又是非極性的，使得一端可以溶解油，另一端可以溶於水。

要如何製造這樣的分子？你可以先拿一段不錯的非極性長碳鏈分子，比方說十八烷，它裡頭有十八個碳原子排成一排，周圍有三十

八個氫原子。它跟己烷（有六個碳原子）很類似，也是非極性的，只是更長。這個分子馬上就會把自己安插進油分子之間，而其實它自己就滿油的。

接著你可以在它的一端接上某種高極性的基團。一個好的選擇是羧酸基團（一個碳連接兩個氧原子，見第 42 頁）。所有的酸類都是天生的極性分子，因為它們會分解游離出

一個帶正電的氫離子。

十八烷的末端加上一個酸根叫做硬脂酸，正巧這就是許多動物脂肪中都含有的成分。硬脂酸是你常聽到的脂肪酸的一種。

但是單憑硬脂酸還達不到肥皂的本事，因為它雖然是酸，卻是很弱的酸，在水中不太溶解。

▼ 十八烷（octadecane）由一條十八個碳的直鏈構成，英文名字中的 octa 意指八，deca 意指十，而字尾的 ane 表示由氫填滿（稱為「飽和」）的碳鏈。它在略高於室溫時為糊狀固體，在略低於室溫時會熔化。

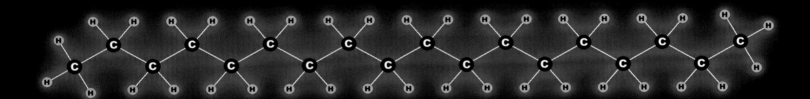

▼ 硬脂酸是脂肪酸，在許多種動物脂肪中都有很高的含量，它和正十八烷的結構很像，只是末端連接一個－COOH 基團，稱為羧基。硬脂酸在水中的溶解度不高，每公升的水只能溶三毫克左右，所以無法做為肥皂。

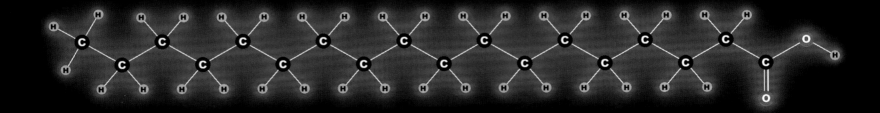

肥皂的本事

要把硬脂酸轉變為具有肥皂的功能，需要提高它在水中的溶解度，做法是將酸根的氫拔掉，換成在水中更容易分離的基團。氫氧化鈉（苛性鈉）可以用來把酸根的氫原子換成鈉原子。這個過程叫做「把酸形成鹽類」，在這裡是形成硬脂酸的鈉鹽，稱為硬脂酸鈉。

硬脂酸鈉在水中的溶解度非常高。由硬脂酸或其他脂肪酸形成的類似鹽類，是所有天然皂中的主要成分，也是肥皂效果的來源。

所以，肥皂究竟是怎麼作用的？

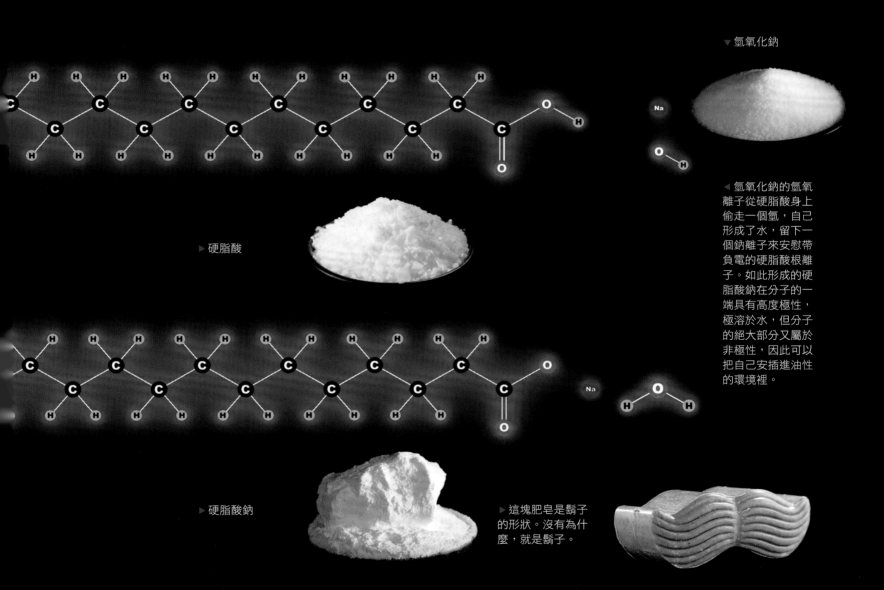

▼ 氫氧化鈉

◀ 氫氧化鈉的氫氧離子從硬脂酸身上偷走一個氫，自己形成了水，留下一個鈉離子來安慰帶負電的硬脂酸根離子。如此形成的硬脂酸鈉在分子的一端具有高度極性，極溶於水，但分子的絕大部分又屬於非極性，因此可以把自己安插進油性的環境裡。

▶ 硬脂酸

▶ 硬脂酸鈉

▶ 這塊肥皂是鬍子的形狀。沒有為什麼，就是鬍子。

肥皂的機制

當肥皂分子（例如硬脂酸鈉）處於同時有水和油的環境裡，它會同時感受到兩個方向的拉力。分子帶極性的那一端會受到極性水分子的吸引，而非極性的碳鏈則和非極性的油分子相處甚歡。

肥皂分子的非極性碳鏈會溜到油的表面用力拉扯，把油分成微觀的小團。這一些小團形成圓形的團簇（稱為微胞），而肥皂分子會在表面上排列，肥皂的極性端朝外，非極性的碳鏈則朝內。

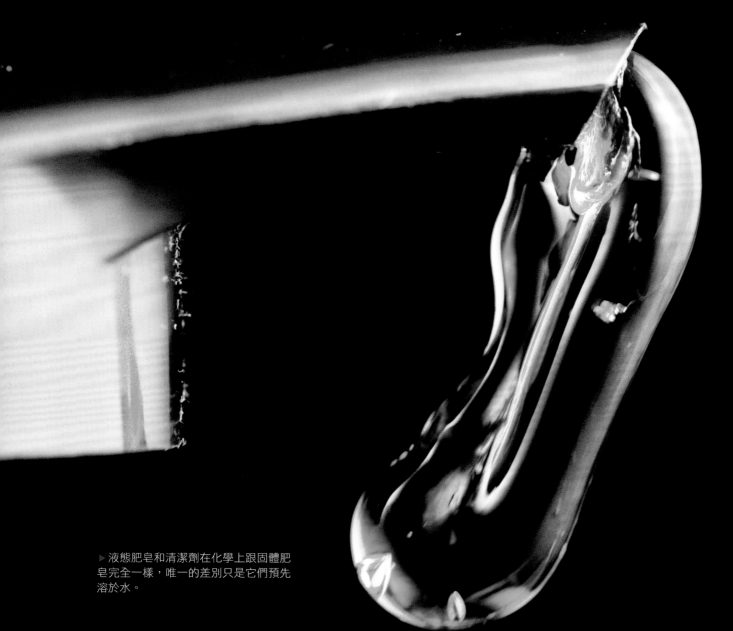

▶ 液態肥皂和清潔劑在化學上跟固體肥皂完全一樣，唯一的差別只是它們預先溶於水。

▶ 肥皂分子聚集在油滴周圍，形成微胞，使得微胞成為水溶性高的極性物質。而非極性的油分子緊密的躲在微胞小球的中心。

製造天然皂

肥皂的製造歷史悠久，至少可追溯至西元前兩千八百年，製造過程也簡單得出奇，無論在哪裡的廚房或儲藏室都可操作。你只需要一些動物油或植物油（成分為脂肪酸，例如硬脂酸）和一些鹼液（氫氧化鈉）即可。從前，鹼水是從草木灰中洗出來的，但現在已經可以直接買到純的通水管鹼液，也有不含雜質的食用級鹼液。

油脂的成分是脂肪酸，但還有一些小細節我沒提到。動物油和植物油中所含的脂肪酸並不是單獨存在的。它們是以三酸甘油酯的形式聚集在一起，每三個脂肪酸分子，就會和一個甘油骨架連接（見第79頁的詳細解釋）。

當三酸甘油酯分子加上鹼水，脂肪酸會形成鹽類，並同時從甘油骨架上脫落。大部分的肥皂製造商會移除甘油，但有些特別的「甘油肥皂」不但會保留甘油，甚至還額外添加更多，形成透明的肥皂，有些人喜歡這種甘油肥皂的長相和觸感。

▶甘油肥皂較為透明，是因為其中所含的脂肪酸不會聚集成晶體，所以不會散射光（跟水的情況有點像。水在非晶體的液態是透明的，但當它形成許多不規則的小晶體，例如雪花時，就會變得不透明。）

▲上圖是牛脂肪煮沸過濾後得到的牛油，成分幾乎是純的三酸甘油酯，很適合做為肥皂的原料。

▲燒鹼是氫氧化鈉的俗名，常用於疏通水管，是強力的清潔劑。一旦接觸到皮膚或眼睛（老天保佑千萬不要），會造成嚴重的化學灼傷。燒鹼是製作天然皂的關鍵成分。

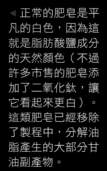

◀正常的肥皂是平凡的白色，因為這就是脂肪酸鹽成分的天然顏色（不過許多市售的肥皂添加了二氧化鈦，讓它看起來更白）。這類肥皂已經移除了製程中，分解油脂產生的大部分甘油副產物。

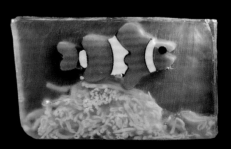

▲肥皂如果不是普通的白色方塊皂，看來都很蠢。我們可以說，甘油皂的一大好處就在於它是透明的，意思是你可以隨便把任何一個蠢東西放進肥皂裡，還會有人願意花大筆錢來買它。這塊肥皂花了我九塊美金。

人工皂

肥皂自古就有，但是現代另一種基本功能相當的合成替代品，稱為清潔劑，已大幅取代了傳統產品。

天然皂的一個大問題是，如果水中有溶解的鈣、鎂或鐵離子，就容易產生沉澱（形成不溶解的化合物）。含有這類離子的水稱為「硬水」，在許多地方都很常見。（洗手時肥皂維持滑溜感的時間長度，可以用來估計水的「軟硬」程度。如果肥皂好像一下就洗掉了，需要多用一些才能洗淨，就表示硬水把肥皂分子沉澱掉了。如果肥皂的滑溜感持續一段長時間，則表示這是軟水。）

清潔劑利用不同的極性基團，避開了天然皂的這個問題。清潔劑通常不是碳酸鹽，而是磺酸鹽或硫酸鹽。例如合成的洗衣清潔劑中的常見成分：十二烷基苯磺酸鈉，它和天然皂的常見成分硬脂酸鈉一樣，都具有十八個碳原子。

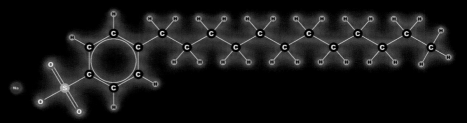

▲ 十二烷基苯磺酸，這個長名字正好用來描述一個長分子。分子左側的環對應的正是名字中的「苯」，而連接了三個氧的硫原子正是「磺酸」的部分。

▲ 十二烷基苯磺酸鈉是十二烷基苯磺酸的鈉鹽。（好啦，我承認了，我寫稿時這些名字是複製貼上的，用打字的至少會打錯三個字。）就跟肥皂中的鈉鹽一樣，清潔劑中的這種常見成分是一種弱酸鹽。

◀ 線型（直鏈狀）的清潔劑比較容易遭細菌分解，有分支的結構則不太容易由生物降解。於 1950 和 1960 年代，早期的分支型清潔劑在廣大的湖泊及河川表面生成泡沫，因此現在有較多可生物降解的清潔劑。

▼ 下圖的噁心汙染是非生物降解的分支型合成清潔劑造成的。

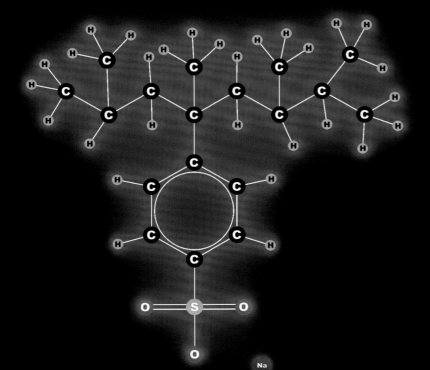

人工皂

▶多年來，我常在不同的洗髮精標示上看到「月桂基硫酸鈉」或「月桂醇聚醚硫酸酯鈉」交替出現。我熱氣蒸騰的小腦袋一直不太確定，這究竟是指兩種不同的物質，還是我記錯之前看到的名字。後來我用了一個牌子，標示上兩種都有。

▼月桂基硫酸鈉▲

▲月桂醇聚醚硫酸酯鈉▼

▼「月桂基硫酸鈉」並不是「月桂醇聚醚硫酸酯鈉」講太快變成的。但是它們在化學結構上非常相似：「月桂醇聚醚」的形式是在左邊的極性硫酸根和右邊的非極性的月桂基（十二個碳的長鏈）之間，插入一個乙基的醚基團（見第39頁）。

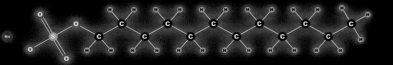

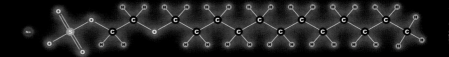

▼月桂酸

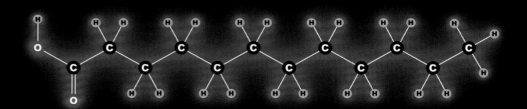

▲月桂酸是常見的脂肪酸，例如它是椰子油裡重要的成分。它是常見的清潔劑起始物，月桂基硫酸鈉或月桂醇聚醚硫酸酯鈉這兩種界面活性劑，起始物都是它。

▶美國某家清潔劑廠商以「椰子硫酸鈉」為廣告，宣傳這是比月桂基硫酸鈉更安全、天然的替代品，因為它是由純椰子油製造的。問題是，這根本就是比較不純的月桂基硫酸鈉，只是換個名字罷了。純的椰子油在化學角度下一點也不純，而是含有各種油和脂肪酸的複雜混合物。但它的主成分是月桂酸，所以當椰子油處理後形成的硫酸鹽，裡頭主要就是月桂基硫酸鈉。

這很棒，因為月桂基硫酸鈉是好的化合物。問題是他們正是想把「椰子硫酸鈉」賣給不喜歡月桂基硫酸鈉的人。這種銷售術語實在蠢得讓人憤怒。如果說使用月桂基硫酸鈉不好（這不一定是真的），那麼用「椰子硫酸鈉」會有完全一樣的問題，因為它們是同樣的化合物。唯一的差別是，「椰子硫酸鈉」還含有一堆未經辨別的未知化合物，對你好或不好都有可能。如果你用的是單純的純月桂基硫酸鈉，就不用擔心這個問題了。

肥皂與生命的起源

肥皂分裂油的方式,是把油形成微觀的小球,然後肥皂分子在球的周圍環繞一圈,極性的分子頭朝外,非極性的分子尾巴朝內(見第62頁)。

這是挺有趣的結構,一個球狀物體,內部充滿了有機分子,而由一層強韌的肥皂分子所保護。聽起來很像生物細胞。事實上,有一些理論認為,在可辨識的生命形式出現之前,這類肥皂球在漫長的化學演化時期,扮演了重要角色:集中並保護有機分子。

無論如何,試想:你只是隨意將一把有機化合物(有些是完全非極性的,有些帶部分極性)灑到一池水中,它們就會自動自組裝成特定的結構,使有機分子彼此間能有作用——這實在太不可思議了。

換句話說,肥皂不僅在現代人持續進行天擇過程中很重要,也許當初它在萬物起源時,也扮演了關鍵角色。

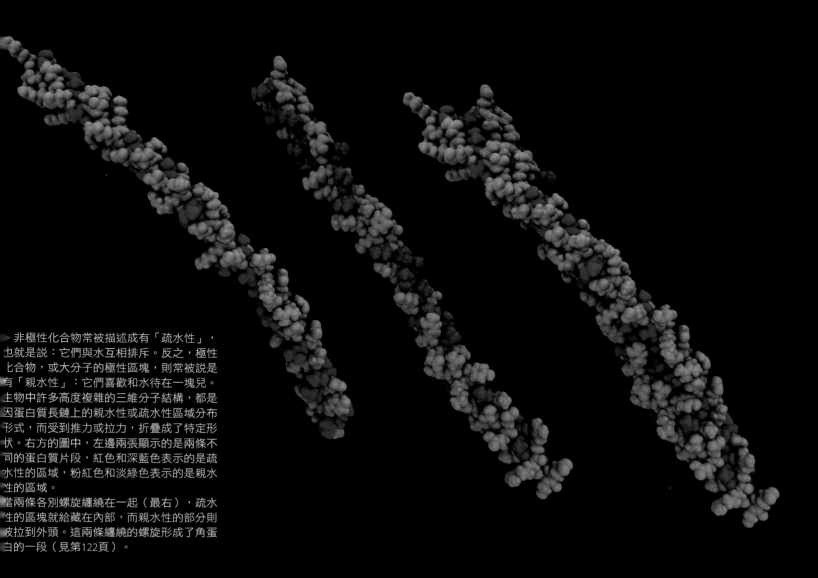

非極性化合物常被描述成有「疏水性」,也就是說:它們與水互相排斥。反之,極性化合物,或大分子的極性區塊,則常被說是有「親水性」:它們喜歡和水待在一塊兒。生物中許多高度複雜的三維分子結構,都是因蛋白質長鏈上的親水性或疏水性區域分布形式,而受到推力或拉力,折疊成了特定形狀。右方的圖中,左邊兩張顯示的是兩條不同的蛋白質片段,紅色和深藍色表示的是疏水性的區域,粉紅色和淡綠色表示的是親水性的區域。

當兩條各別螺旋纏繞在一起(最右),疏水性的區塊就給藏在內部,而親水性的部分則被拉到外頭。這兩條纏繞的螺旋形成了角蛋白的一段(見第122頁)。

太多 肥皂啦

肥皂基本上都是同一種成分，就跟酒一樣，所以肥皂商只好忙著推出各種變化來突破尋常。

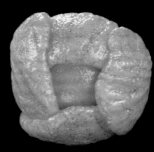

▲ 大部分的肥皂都是由製造時使用的油脂來區分，例如動物油、橄欖油、棕櫚油等等。但是這塊「非洲黑皂」的特別之處，在於處理所用油（通常是棕櫚油、棕櫚籽油或椰子油）的鹼液（氫氧化鈉水溶液）來源。傳統上，鹼液是從草木灰中萃取而得，但這塊皂用的是可可豆莢、椰子花莢或乳油木的樹皮燒成的灰，而且不只做為鹼的來源，這些灰渣也一起製成肥皂。

▲ 這到底是肥皂還是糖果？我可分不出來。

▶ 這顯然是印度邦加羅爾的官方皂。

▲ 這是肥皂還是蠟？這回燭心露餡了。

▼ 松焦油肥皂是從松木加壓蒸煮流出的焦油製造的。焦油的主成分不是那些直鏈的脂肪酸，而是含有苯環（六個碳）結構的非極性碳鏈。這些芳香化合物通常會吸收光，使肥皂呈現黑色。

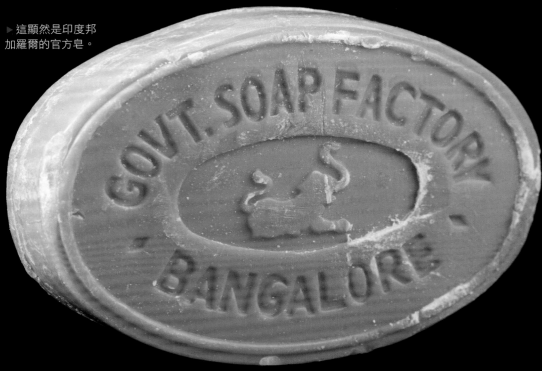

◀ 這塊橄欖皂來自許多橄欖的故鄉：希臘。橄欖油跟松焦油一樣，都含有許多種複雜的環狀分子，可以用來製作肥皂分子。

▶ 這塊綿羊形狀的肥皂，是把一般的肥皂和甘油肥皂組合而成的。我是在一家賣毛線的店裡買的，它和店家的毛線主題太合了。

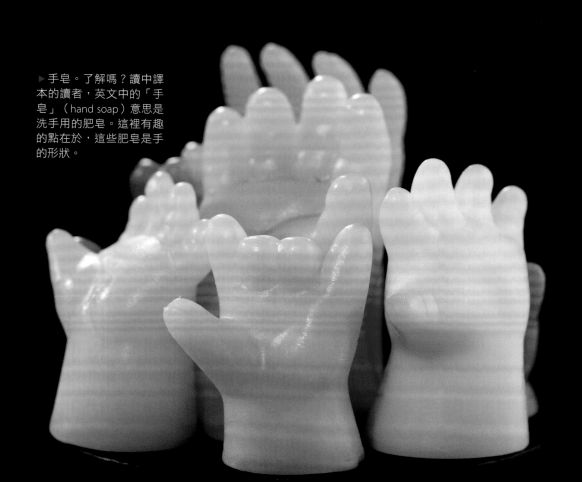

▶手皂。了解嗎？讀中譯本的讀者，英文中的「手皂」（hand soap）意思是洗手用的肥皂。這裡有趣的點在於，這些肥皂是手的形狀。

▲「旅館肥皂」自成一個產業。這是我多年來蒐集的旅館肥皂，我太常旅行了。

▼肥皂大多是以油脂製造，但任何脂肪酸都有潛力成為肥皂基底。蜂蠟的主成分大多為脂肪酸和脂肪酸酯（不是一般油類所含的三酸甘油酯），所以蜂農有時也會以手邊現有的材料製作肥皂（但只用蜂蠟製皂不太實際，所以傳統上也會摻入椰子油、棕櫚油或橄欖油）。

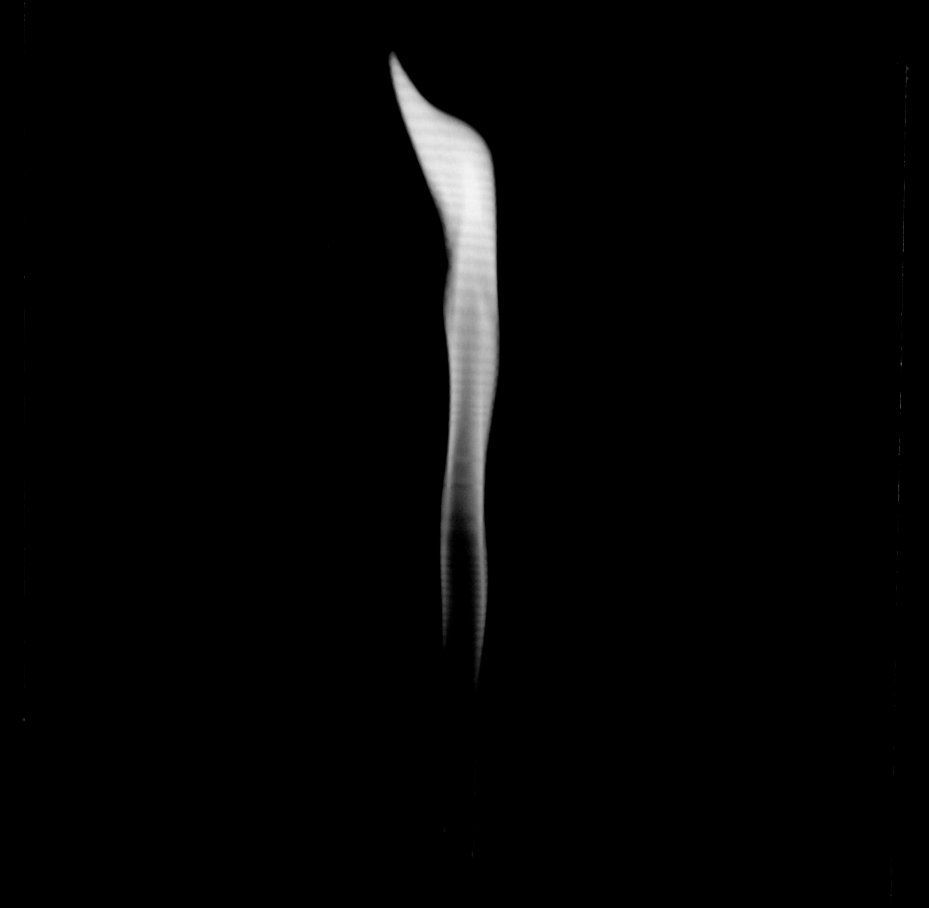

礦物與植物

油或蠟各有兩種截然不同的類型。其中一種源自石油（地底鑽出的原油），另一種則來自植物與動物。

礦物油和植物油，或石蠟和蜂蠟，表面上都很相像，但背後的化學卻有關鍵的差異。例如，沒有生物可以分解礦物油（除了幾種細菌），但植物油對生物而言卻是高熱量的食物來源。我們先從不能吃的東西講起。

礦物油基本上是碳氫化合物，只含氫原子與碳原子，沒別的了。要系統化了解碳氫化合物，可以從分子中的碳原子個數來看。碳氫化合物中的含碳個數從一個到數千個都有。

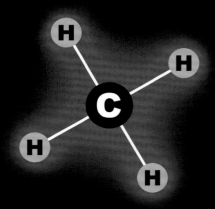

▲ 碳氫化合物的討論總是從甲烷開始，它是最簡單的碳氫化合物。甲烷含有一個碳原子，碳上接了四個氫原子。

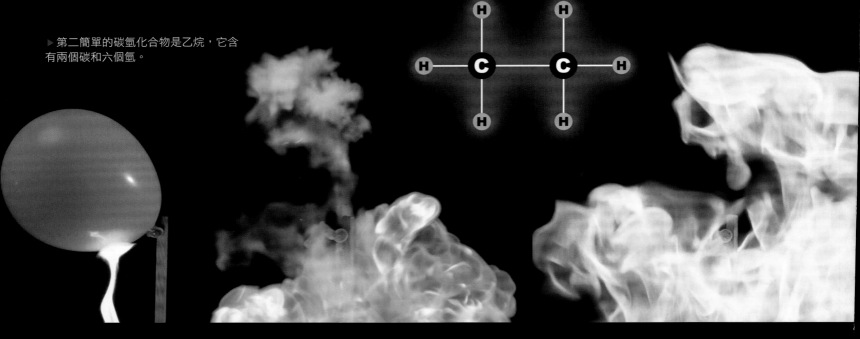

▶ 第二簡單的碳氫化合物是乙烷，它含有兩個碳和六個氫。

▲ 乙烷是很類似甲烷的氣體，但密度與沸點比甲烷稍微高些。氣球填充乙烷後，可以做出很不賴的火球。

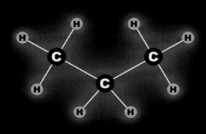

▲ 丙烷

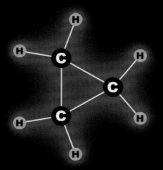

◀ 丙烷有三個碳和八個氫。它是有超過一種排列方式的最小碳氫化合物，可以排成一直線，或是連成環狀，稱為環丙烷（此時只有六個氫）。環丙烷是張力很高的分子，因為碳碳之間的鍵結不喜歡形成如此小的角度，因此環丙烷有極高的反應爆炸性，特別是遇到氧的時候。從前環丙烷用為麻醉鎮定劑，但病人吸入環丙烷的同時也須吸入氧氣，會感到極不舒服（也極度危險），現在已不做此用了。

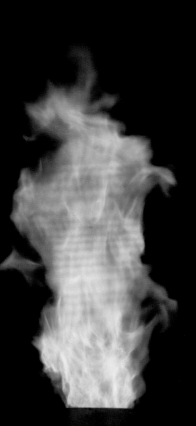

◀ 直鏈型的丙烷很方便，因為在中等壓力下就能轉為液體。氣體轉為液體時，體積會銳減為數百分之一。換句話說，在相同壓力下，相同體積的容器可以儲存的液體，比氣體多得多。這使丙烷成為手持火炬的實用燃料選擇，例如左圖。有些瘋子用手持火炬除草，更瘋狂的傢伙用它來焊接橡膠屋頂。這個火炬可以產生 50 萬 BTU 的能量*，甚至超過大房子壁爐的供熱。

*譯注：BTU 是 British Thermal Unit 縮寫，是英制的能量或熱量單位，意指把一磅的水由華式 39 度加熱到 40 度所需

▼ 丁烷有四個碳和十個氫。它有好幾種不同的排列方式（見第19頁）。碳氫化合物中含的碳數愈多，排列方式也就愈多。實用起見，接下來我們主要關注直鏈型碳氫化合物，不過在之後討論的許多物質中，其實也含有直鏈、支鏈及環狀分子的混合物。

◀ 丁烷跟丙烷一樣，在常溫常壓下是氣體，只要施加中等壓力就可液化。以丁烷來說，液化所需的壓力小到用薄塑膠容器盛裝液體就可以達到了，所以我們才有平常用的廉價拋棄式塑膠丁烷打火機（平均要打三次才會點著）。

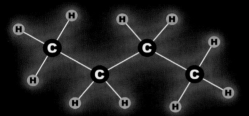

▲ 丁烷

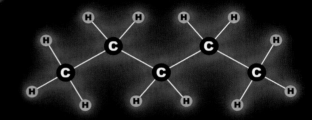

▲ 戊烷有五個碳和十二個氫。

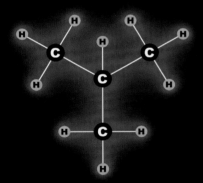

▲ 異丁烷

▼ 戊烷是常溫常壓下呈現液態的最小碳氫化合物（但只是勉強維持液態，它的沸點是36℃）。它是車用汽油中最輕、揮發性最高的物質。戊烷是汽油蒸氣具有爆炸性的部分原因，這是來自於戊烷等揮發性成分，會在開放容器上方的空氣中累積到引發爆炸的濃度。一般會把汽油儲存在紅色容器中以警示危險。

▼ 環丁烷

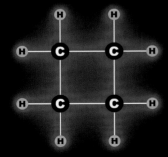

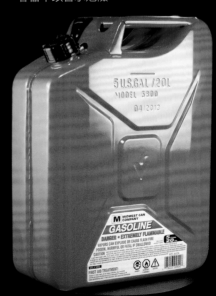

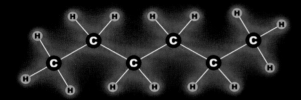

▲ 己烷有六個碳和十四個氫。

◀ 煤油是混合物，包含從己烷開始到大約十六個碳的直鏈或支鏈的各式碳氫化合物。煤油中不含比己烷更輕、鏈長更短、揮發性更高的碳氫化合物，這點很重要，因為這表示煤油液面上方不會累積具爆炸性的蒸氣，因此比汽油安全。

十九世紀中期地下剛開採出原油，提煉成的主產物正是煤油。廉價的煤油燈燃料使一般老百姓第一次有機會晚上不需要那麼早睡。不幸的是，早期有些工人在精煉煤油時不夠謹慎，沒有好好移除所有比己烷輕的碳氫化合物，煤油燈爆炸造成傷亡時有所聞。洛克菲勒（John D. Rockefeller）把他的石油公司命名為「標準石油」，正是因為他把精煉煤油的過程標準化，以確保安全。他使用溫度計測量產物的準確沸點，而不是把蒸餾出的澄清油類都當做「煤油」。現在煤油都會以藍色的容器盛裝，以便和汽油區分。

◀ 雖然煤油的名字是「油」，但其實它是質輕的液體，不像某些較重的油那麼黏稠。

▶ 碳數愈高，碳氫化合物就愈「重」，這表示它們的沸點和黏度都會提高（變得更「油」而不是更「水」）。右圖的癸烷有十個碳和二十二個氫。

◀ 柴油（diesel）是比煤油更重的混合物，大部分是十到十五個碳的鏈結，包含直鏈、支鏈、環狀，甚至含有碳碳雙鍵的碳氫化合物。柴油傳統上都以黃色容器盛裝。（加錯油到引擎裡可是很糟糕的事，所以才會用顏色區分。）

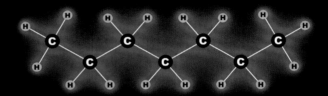

▼ 辛烷無論是直鏈的或支鏈的，都有八個碳和十八個氫。汽油中的「辛烷值」特指辛烷的一種支鏈型式：異辛烷，如下圖所示。純異辛烷的辛烷值是100。

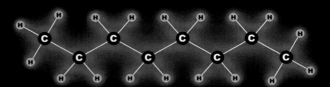

◀ 庚烷有七個碳和十六個氫。直鏈的正庚烷結構有個特殊角色，在汽油的辛烷值中，它定為0。所有的碳氫化合物壓縮時都會有爆炸的潛在危險，這對引擎來說很不好。燃料的辛烷值愈高，表示它能承受壓縮而不爆炸的能力愈高。直鏈的正庚烷比較容易爆炸，所以它的辛烷值定為0（比較不好）。

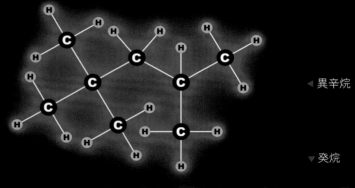

◀ 異辛烷

▼ 癸烷

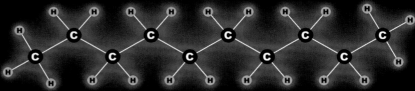

▼ 正十一烷是含十一個碳的直鏈碳氫化合物。它是某種蛾的費洛蒙（是真的，我發誓！），蛾用它來吸引伴侶，這跟男人把正十一烷用在跑車上的目的差不多（正十一烷是汽油中含碳數較高的碳氫化合物之一）。

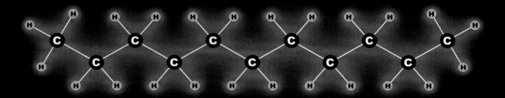

▶ 礦油精常見於許多的溶劑和去漬油中。例如這一罐，裡頭大多是二氯甲烷跟甲醇，還有一些礦油精。

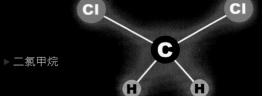

▶ 二氯甲烷

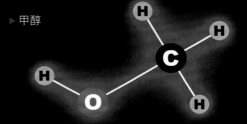

▶ 甲醇

▲ 有機溶劑有各式各樣，適用於不同商業及家用用途。例如上面這罐液體名叫「礦油精」（MINERAL SPIRITS），是最接近純碳氫化合物的混合物。礦油精和礦物油（我們馬上就會談到）很有關，都是從原油蒸餾而來，但礦油「精」的沸點較低，因此比礦物「油」早揮發出來。

◀ 這瓶「礦物油」擺在藥妝店裡而不是加油站，所含的幾乎完全是十五到四十個碳之間的直鏈或支鏈碳氫化合物（平均而言短碳鏈的比例較高）。你不會想吃任何一種礦物油，但這一瓶是食物級，保證不含任何有害成分，可以用在調理食物的檯面上。

▶ 嬰兒油可不是用嬰兒做的，它只是添加了香精的礦物油。

◀「輕機油」是黏度頗低的碳氫化合物，它比機油輕，但比其他溶劑或燃料黏稠。與礦物油的差別在於，它含有較多的添加物，包括非碳氫化合物和不飽和的化合物（也就是含有雙鍵的碳氫化合物），機油裡也有這些化合物，有助於潤滑效果，但也讓機油不太好聞。

▲ 長號拉管油（trombone slide oil）用來潤滑長號的拉管。它基本上是輕機油，它的供需情況提供了一個最好的比喻。長號拉管油非常特殊，音樂家願意付重金買最高品質的長號拉管油。全世界的長號拉管油一年的銷量不過幾加侖（其實這個數字也是我掰的，只是打個比方，所以別介意）。重點是，無論你是多麼優質的製造商，出產的長號拉管油多精細，要價多高，你永遠賺不了大錢，因為市場就是這麼小。我發現這是一個精采的譬喻，適用於許多情境，現在你也會用了。

▶所有的機油都含一系列特殊的添加劑,目的是避免金屬生鏽、移除引擎產生的汙染物、延長機油的效期,以提升品質。如果你覺得你用的機油,添加物不夠,還可以自行購買一系列濃縮的油品添加劑。這些東西通常以很有異國情調的瓶裝販售,宣稱對引擎有種種誇張的好處,就跟橄欖油或能量飲料的宣傳差不多。

▶這是給人喝的還是給引擎喝的?可別搞混了,這兩瓶都是用來提升「引擎」效能的,只不過左邊這瓶用來增進機械引擎,右邊那瓶是來加強生物引擎的。兩瓶都很重視行銷,看它們老是擺在結帳櫃檯展售就知道了,有時候在汽車零件行還叫人心驚的擺在一塊兒賣。

▶油的碳氫化合物碳鏈長度增加時,質地會變得很濃稠。這團黏不拉嘰的東西是火車頭齒輪箱的潤滑油。平常用塑膠袋裝袋,要用的時候就直接扔進火車這大機器的引擎裡,裡頭的齒輪會毫不猶豫絞碎包裝用的塑膠袋。

◀機油很類似礦物油,只是重了一些,每個碳氫化合物分子約含十八到四十個碳。機油的清潔等級不如礦物油,機油除了碳氫化合物以外,還含有許多額外的成分,通常是包含了各種環狀化合物、不飽和碳氫化合物(含有碳碳雙鍵)、芳香族化合物(含有苯環的六員環分子)的任意混合物。機油的分類不是依據其中所含的化合物,而是根據它的黏度、耐高溫程度等等其他與效能有關的測量。各製造商可自行決定要添加何種化合物以達到這些規格。

▲從原油提煉的油,組成成分就是原油中的天然化合物,但合成機油的組成可以更精挑細選。合成機油的添加物大幅提升了它的黏稠度,讓它更容易附著、聚集於金屬表面,達到保護引擎減少磨損的功能。

◀碳氫化合物平均碳鏈增長的同時,黏度也隨之增加,最後會再也算不上是油,變成了潤滑脂。潤滑脂能附著在物體表面,不像油會直接滴下來。

▼ 比潤滑脂碳數更高的是石蠟（paraffin wax），大約是二十到四十個碳組成的碳鏈（高碳數的比例較高）。精製形式的石蠟和完全飽和的碳氫化合物沒什麼不同。（令人混淆的是，有些地方把液態礦物油稱為 paraffin，而在美國 paraffin 專指固體。其實這些都是同類的化合物，差別只在於平均的碳鏈長度不同。）

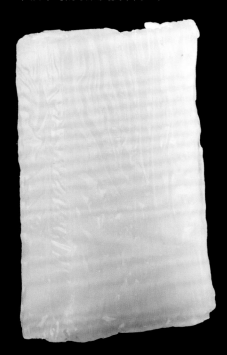

▼ 碳數比石蠟更高的是聚乙烯塑膠，在這裡我們跳了好大一步。聚乙烯分子的碳從幾千個到幾十萬個都有。第 7 章會談到聚乙烯的多種用途。

▶ 所有的礦物油、溶劑、潤滑脂、石蠟與塑膠都源自於原油。這杯原油是直接從美國賓州的老油田打上來的。我以前總以為原油是極濃稠的一團，確實有些原油是如此，但是這杯原油的質地幾乎跟水一樣。想想有多少化學來自於這東西的再加工，再想想我們馬上就會用完最後一杯了，豈不叫人一驚？

用來吃的油

來自植物或動物的油看起來幾乎和澄清的礦物油沒兩樣，但其實兩者的化學結構有根本的差異。植物油或動物油跟前面討論的礦物油一樣含有碳原子，通常是在十四到二十個碳之間。但是來自生物體的油分子，碳鏈末端一定帶有一個有機酸的官能基（詳細介紹請見第42頁）。這些分子稱為脂肪酸。

分子末端的有機酸官能基，使得脂肪酸能以不同於簡單碳氫化合物的方式相連接，它們也善用了這種能力。幾乎所有的植物油或動物油裡

的脂肪酸都是每三個一組，連接在甘油的骨架上。這些分子稱為三酸甘油酯。

就跟礦物油一樣，脂肪酸彼此的碳鏈長度也有所不同，碳鏈愈長，油的質地就愈稠，黏度愈高。但對脂肪酸來說，我們還會在乎分子中碳碳雙鍵所在的位置和方向。這一點很重要，因為關係到人體健康。每當你聽到有人在說omega-3脂肪酸多好、反式脂肪酸多糟，他們說的就是這些雙鍵。

▷ 甘油

▲ 甘油是多醇類。正如我們在第38頁學到的，醇類是擁有一個 −OH 基團的化合物。甘油有三個 −OH 基，是三醇。

▽ 下圖是典型的脂肪酸分子：月桂酸。乍看之下，它很像上一節談的碳氫化合物，但請仔細看左邊的兩個紅色氧原子，就是它們讓這個分子成為了脂肪酸。月桂酸是「完全飽和」的分子，意思是每一個碳原子上都接滿了兩個氫原子（除了最末端的碳，它多接了一個氫），所有的碳原子都以單鍵彼此相連。這個分子，以及其他碳鏈或長或短的類似分子，形成了飽和脂肪（當它們組合成三酸甘油酯的單元時）。

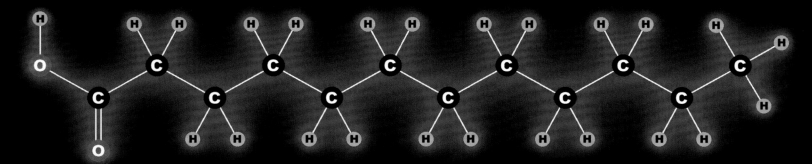

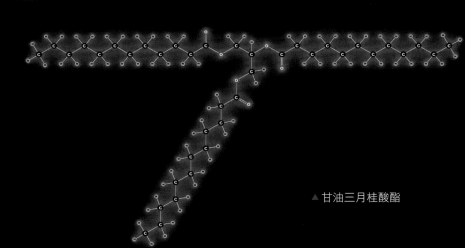

▲ 甘油三月桂酸酯

◁ 有機酸（例如脂肪酸）與醇類彼此以端點相連時，就形成了酯類（見第43頁）。由於甘油有三個醇基，可接三個脂肪酸，這麼做就形成了三酸甘油酯。這個分子是甘油三月桂酸酯，是由一個甘油分子和三個月桂酸分子所形成。所有的植物油和動物油，主要都是由這類的三酸甘油酯構成，但形成三酸甘油酯的脂肪酸則有許多種不同變化。

用來吃的油

▶ 這會兒我們又看到剛剛提過的月桂酸了，不過這次在碳鏈中，有兩個碳之間形成了雙鍵*。如同我們在第 19 頁學過的，這表示這兩個碳各有一個「空位」由雙鍵占了，因此這兩個碳都各少接一個氫原子。所以整體來説，這個分子比月桂酸少了兩個氫原子。我們説這叫做「不飽和」，可以再加更多的氫原子，讓它對氫完全飽和。雙鍵可以出現在任意兩個碳之間，所以用了一種標示系統讓雙鍵位置較好分辨。碳鏈上最靠近酸根端的碳原子，會依序以希臘字母標示，從 α 開始。不幸的是，對人體重要的脂肪酸，它的特別之處卻是看雙鍵離碳鏈的另一端有多遠，而這一段的長度不定。所以我們不管碳鏈多長，直接把另一端最尾巴的碳原子稱為 ω 碳，因為 ω 是希臘字母的最後一個。而雙鍵的位置就以其和 ω 碳距離多遠來標示。例如，右方這個分子是 omega-3 脂肪酸。這樣懂了嗎？

*譯注：多了一個雙鍵後稱為月桂烯酸。

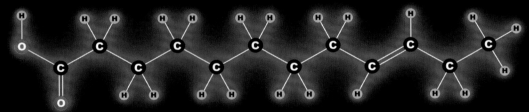

▲ 反式-Omega-3月桂烯酸

▼ 還有一個小問題！碳碳單鍵可以很容易繞著軸心旋轉，所以這類分子通常很軟，畫分子的時候把鍵畫成什麼角度都沒啥關係。但雙鍵會把分子鎖在特殊的方向上。當雙鍵兩側的碳鏈朝雙鍵的不同側長出去（也就是碳鏈骨架維持與單鍵鏈相同方向）時，稱為「反式」（trans）的構型。相反的，當雙鍵兩側的碳鏈朝雙鍵的同一側長出去（也就是碳鏈骨架方向改變）時，稱為「順式」（cis）的構型。上圖的例子為「反式」omega-3 脂肪酸，下圖為「順式」omega-3 脂肪酸。上圖的例子正是所謂的「反式脂肪酸」，比起順式脂肪酸，它較不健康。這麼微小的差異竟會有影響，我覺得很奇怪。不過人體是精細的機器，這種差異它可是很介意的。

▶
α alpha
β beta
γ gamma
δ delta
ω omega

▼ 順式-Omega-3月桂烯酸

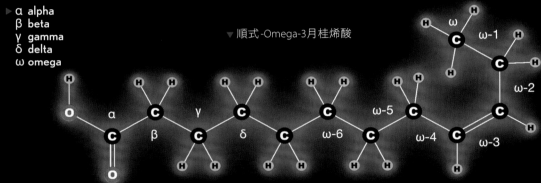

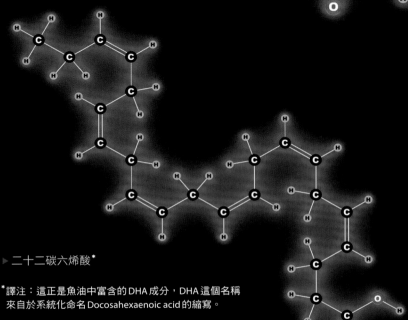

▶ 二十二碳六烯酸*

*譯注：這正是魚油中富含的 DHA 成分，DHA 這個名稱來自於系統化命名 Docosahexaenoic acid 的縮寫。

◀ 還有一點！我們的第一個例子只含一個雙鍵：這是一個單元不飽和分子。但這類分子也可以有任意多個雙鍵。只要有超過一個雙鍵，就叫做「多元不飽和脂肪酸」。據説這種脂肪酸對你比較好，至少不像單元不飽和或飽和脂肪酸那樣壞。由於每個雙鍵都能以順式或反式構型存在，分子的結構有很多種可能，而人體對於這些變化是有感覺的。植物與動物中只會出現特殊的順式或反式結構。左圖這個獨特的多元不飽和脂肪酸，是大腦、視網膜與一些重要人體系統中的主要結構成分。它在海鮮中也很常見，但就算你吃的魚不夠多，人體也能用其他脂肪酸製造出來。

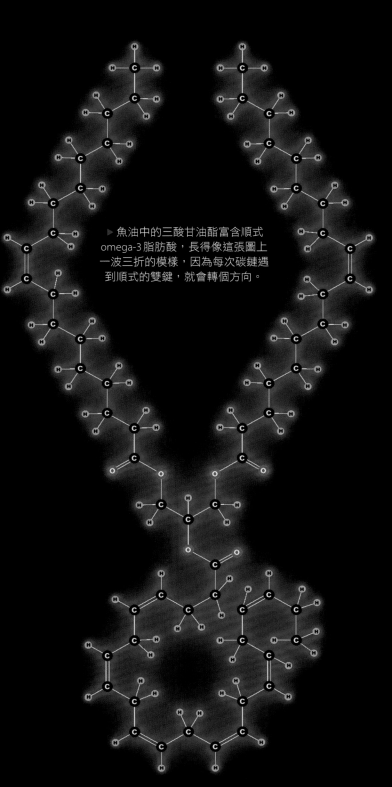

▶ 魚油中的三酸甘油酯富含順式 omega-3 脂肪酸，長得像這張圖上一波三折的模樣，因為每次碳鏈遇到順式的雙鍵，就會轉個方向。

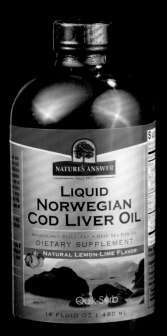

▲ 魚油富含 omega-3 脂肪酸（見第80頁的精確化學定義），所以有人說魚油很健康（最上圖）。有些人則只知道惡名昭彰且噁心的鱈魚肝油（上圖）味道超恐怖*。

*譯注：魚油一般由魚身脂肪萃取而來，主要成分為不飽和脂肪酸。魚肝油則為魚肝萃取物，雖也含有不飽和脂肪酸，但主要成分為維生素A與維生素D，兩者的主成分並不同。

可以吃的油

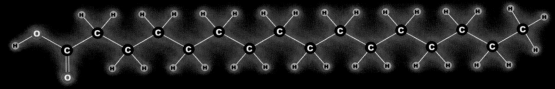

▲ 棕櫚酸

▲ 這個完全飽和的脂肪酸叫棕櫚酸,這名字透漏了它來自棕櫚樹。

◀ Omega-6 脂肪酸在末端數來第六個碳上有一個雙鍵(請見第 80 頁的討論)。左圖的這個例子是亞麻油酸,它是多元不飽和脂肪酸,在末端數來的六號和九號碳上都有雙鍵。亞麻油酸常見於許多植物油中,是飲食必需脂肪酸*。就跟維他命(見第 184 頁)一樣,你若完全不攝取,是不能存活的。但不同於維他命的是,只要吃頓像樣的飯,就能充足攝取了。

*譯注:表示人體無法自行製造,只能從食物中攝取。

◀ 亞麻油酸

▼ 棕櫚油

▼ 三個亞麻油酸單元聚集在一個甘油骨架上,就形成了大多數植物油中常見的三酸甘油酯,其中又以紅花籽油的含量最高。

▼ 典型的植物三酸甘油酯。

▶ 右圖顯示了數量眾多的料理用植物油,它們都含有相當高比例的多元不飽和脂肪酸。

▶ 棕櫚籽油

◀ 大部分的動物脂肪和一些植物脂肪，因為含有高量的飽和脂肪酸而惡名昭彰（「飽和」的定義見第 79 頁的說明）。熱帶地區的椰子油、棕櫚油以及棕櫚油中，蘊藏了很多這種不健康的東西。油的飽和度愈高，熔點就愈高，所以這些高度飽和的脂肪酸在室溫通常成固態或糊狀。以飽和脂肪酸的含量而言，基本上它們跟動物脂肪是一樣的。*

*譯注：此處作者對植物性飽和脂肪酸抱持傳統的負面看法，但最近有研究提出不同觀點，認為椰子油或棕櫚油中所含的中鏈飽和脂肪酸，在人體中的代謝途徑不同於動物油脂中的長鏈飽和脂肪酸，不會造成心血管疾病，反而對人體健康有多種益處，有興趣的讀者不妨自行查詢。

◀ 牛脂

◀ 椰子油

▶ 嬰兒油不是用嬰兒做的，女童軍餅乾不是用女童軍做的，但是牛腳油（neatsfoot oil）真的是用腳做的。更精確的說，是從牛的腳和脛骨做的。因為它是來自動物的油，主成分也是三酸甘油酯。

蠟

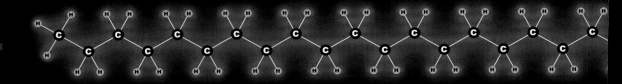

我們在這章稍早已經談過石蠟，它是由石油提煉出的純碳氫化合物。但是蠟和肥皂（見第4章）或這章討論的植物油和脂都有密切關係。植物油是三個脂肪酸和一個甘油（一種多醇類）形成的酯類，蠟則是一個脂肪酸和一條長鏈醇類形成的酯類。

▲上圖是構成蜂蠟（是由蜜蜂所製）的最主要酯類，它在－COO－酯基左邊有十五個碳，右邊有三十個碳。這個化合物稱為棕櫚酸三十酯。

▶卡拿巴蠟是從卡拿巴棕櫚樹的葉子提煉而來，相較於蜂蠟，它含有更複雜的混合物組成，不但含有簡單的酯類，還有一些長鏈的醇類。

▶許多蠟都有特殊用途。不同來源的蠟，會有各種不同長度的碳鏈組成，如果把它們相結合或添加溶劑混合，就可以創造出幾乎無限多種蠟製品。

▶蜂蠟的顏色就看它是來自於單純儲蜜的蜂巢（顏色較淺），或是也兼作孵育及儲存花粉的蜂巢（顏色較深）。在蜂蠟取出純化前，蜜蜂存取蜂室的次數也會造成顏色變化，老蜂蠟比當季的蜂蠟顏色更深。蜂蠟的顏色來自於其中的少量不純物，精煉過的蜂蠟幾乎只含蠟狀的酯類，顏色都很淡。

◀卡拿巴蠟以硬度與光澤著名，但在許多產品中還需要以溶劑軟化成膏狀才好使用。溶劑揮發後，剩下的堅硬蠟表面就可以打磨出強烈的光澤。人們把蠟用在保齡球道、車子，以及他們想要看來平順有光澤的物體上。（卡拿蠟又稱巴西蠟，但不是所有的巴西蠟都是卡拿巴蠟，有些巴西蠟其實是蜂蠟和石蠟的混合物。）

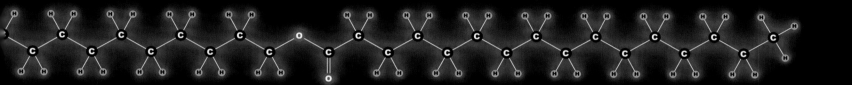

◀ 各種特殊用途的蠟。

岩石與礦石

化合物是由元素組成的，所以邏輯上會以為，要得到化合物，就是把需要的元素放在一起。但實際上的過程卻是相反的。

自然界中能找到的大多數元素，都已經組合成各種化合物。如果你想得到元素，還得把它們從化合物中分開來。例如，如果你想得到鐵元素，多半得往野外尋找。唯一自然存在的鐵金屬來自隕石，而且不是隨處可見（就算找到，裡頭的鐵也早已鏽光了）。所以你要尋找鐵「礦石」，也就是能從中提煉出鐵的原料。「礦石」是經濟上的描述，意指可用來取得某種物質的材料。因此「

鐵礦石」指的是任何可以做為鐵來源的東西，無論它的明確組成為何。

來自礦場的礦石一定由特殊的礦物組成。「礦物」（mineral）不同於「礦石」（ore），礦物指的是明確的化合物，或至少是定義清楚，組成大致恆一的化合物之混合物。我們把很美麗的礦物稱為晶體，甚至寶石。如果是很醜的礦物，我們就說它是岩石。

鐵礦石通常會含有赤鐵礦（Fe_2O_3）、磁鐵礦（Fe_3O_4）、黃鐵礦（FeS_2）等各式含鐵的化合物相混合。

▶ Fe_2O_3 以岩石形式出現時，叫做赤鐵礦，但在原應維持光潔的鐵塊表面出現時，則叫做鐵鏽。

▶ Fe_3O_4 是鐵氧化物的混合物，其中所含的兩種不同化合物，可不是以任意比例混合的。Fe_2O_3 和 FeO 是以精確的一比一比例結合，整體而言形成完美的鐵原子對氧原子三比四的比例。這種混合物在礦物中還滿常見的。

▼ 赤鐵礦 Fe_2O_3 是全世界鋼鐵廠大量處理的兩種鐵礦石之一。它也是鐵生鏽形成的產物，你可以看到下方這些樣品呈現鐵鏽特徵的紅色。把鐵礦石冶煉為鐵金屬的過程，是進行與生鏽相反的化學反應。也就是說，我們會以為是先有鐵，鐵生鏽才產生了鐵鏽，但實際上卻是要把鐵鏽還原才能得到鐵。

▲ 想像你把像上面這樣美麗的東西碾碎，做成卡車輪軸。不過礦石就是礦石，沒什麼好想的。這一小塊赤鐵礦幸運的吸引了某個收藏家的目光，免除成為車軸，遭人遺忘的命運。

▲ 這些鐵球在 eBay 網拍上是當成便宜的彈弓彈丸販售，但這其實不是它們原本的用途。這些鐵球原是要投入鼓風爐的鐵礦原料，用來還原成鐵金屬，它們在製造或用巨型駁船或貨運火車輸送的量，都以百萬噸計，所以如果你只想買個一兩千顆當彈丸，可以很便宜就買到。它們來自於鐵燧岩，經過壓碎分離後得出磁鐵礦成分，再加熱形成這些方便使用的圓球。磁鐵礦（Fe_3O_4）加熱時會進一步氧化成赤鐵礦（Fe_2O_3）。

◀ 這是十九世紀磁石羅盤的復刻版。現代的羅盤會使用更強力的磁鐵，但即使是很弱的磁石，只要小心平衡擺放，也可以做為羅盤使用。

◀ 磁鐵礦的石塊從前稱為磁石。它們有時會經過天然磁化，後來發現，當小片磁石碎屑飄在小塊軟木上時，一定會指向北方，於是有人以此做出最早的羅盤。

▲ 假像赤鐵礦是特殊的赤鐵礦形式。名字會叫「假像」是因為，雖然它的化學成分是赤鐵礦（Fe_2O_3），卻以磁鐵礦（Fe_3O_4）的晶體結構存在。所謂的假像有兩種情況：一種是化合物原以天然的晶型存在，後來發生某些反應，轉換為不同的化合物；第二種情況是其中有一些化合物滲出，取代了其他的化合物，占據其原有的空間與形狀。這裡發生的是前者，是磁鐵礦又受到氧化，形成赤鐵礦，但整體的晶型卻沒有改變。

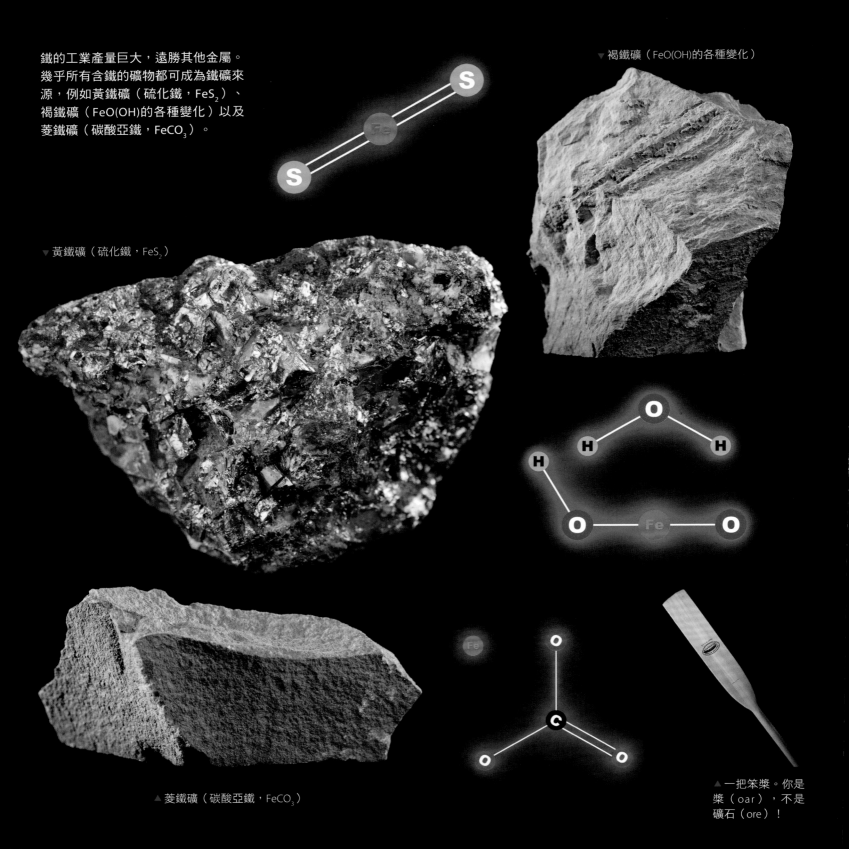

鐵的工業產量巨大，遠勝其他金屬。幾乎所有含鐵的礦物都可成為鐵礦來源，例如黃鐵礦（硫化鐵，FeS_2）、褐鐵礦（$FeO(OH)$的各種變化）以及菱鐵礦（碳酸亞鐵，$FeCO_3$）。

▼ 褐鐵礦（$FeO(OH)$的各種變化）

▼ 黃鐵礦（硫化鐵，FeS_2）

▲ 菱鐵礦（碳酸亞鐵，$FeCO_3$）

▲ 一把笨槳。你是槳（oar），不是礦石（ore）！

礦石的加工

從礦石轉為元素的方式，依礦石種類而有所不同。有時要得到元素，最困難的步驟不是找到礦石，而是找出精煉的方法。

鐵的冶煉相對來說是容易的，要冶煉出鐵金屬，只要把鐵礦和焦炭（烘烤硬化過的煤炭，主要成分是碳元素）一起加熱就行了。人們幾乎在三千年前就知道怎麼做了。（我說冶煉鐵相對來說是容易的，是指跟從其他大多數礦石中擷取出元素來比，要簡單一點，但它絕對不簡單。這步驟所需的溫度極高，而且需要高度的技術，才能維持正確的環境條件。在人類開始群居形成大都市後又過了一百五十代，我們才學會如何冶煉鐵。）

不過，比起把鋁礦轉換成鋁金屬，冶煉鐵容易多了。要精煉鋁的話，必須使用大量的電力，所以在從前鋁一直很稀有，直到發電機的大量電流取代化學電池的涓涓細流為止。現在很多鋁都是在冰島精煉出來的，理由很簡單，因為那裡有便宜的地熱發電。鋁礦以大型駁船運來，煉出的鋁再以貨船運走，把鋁礦送到冰島純粹是為了當地的電力。

▲ 鐵礦轉換成鐵金屬的過程，是在稱為鼓風爐的巨大（真的很大）設備中進行的。鐵礦和焦炭（主成分是碳）一起堆疊送進爐中，把全部的東西點火燃燒，再從下方送入加壓空氣（所以這個爐稱為「鼓風」爐）。焦炭中的碳元素從鐵礦的氧化鐵中取走氧元素，生成二氧化碳，同時從鐵礦中釋放出鐵金屬。鐵金屬會從鼓風爐下方以白熱的液體狀態流出。

◀ 鋁可以用化學方法從鋁礦中取得，但是難度很高，而且要用到比鋁更難分離出來的元素。但若是有大量的電力就能精煉鋁。由鋁礬土中取得氧化鋁，再和冰晶石（另一種含鋁的礦物）混合，然後在大型電解槽中熔化。每個電解槽內有一對電極，通過幾十萬安培的電流（大概在3到5伏特的電壓下）。鋁金屬會在負電極上析出，再流到電解槽底部，每隔一段時間以虹吸法取出。這張圖是熔化的鋁礦加到電解槽中的過程。注意看圖片右方那根粗到難以置信的電纜線。

▶ 冰晶石就是六氟鋁酸鈉，從前曾是用來提煉鋁金屬的礦石，但現在主要是在從鋁礬土得到氧化鋁時，用來降低氧化鋁的熔點。世界上最大的冰晶石礦床剛好就位於最大的廉價地熱發電廠隔壁，這廉價的電力正是精煉鋁所需要的。這裡說的發電廠在冰島，冰晶石礦場在格陵蘭。

礦石的加工

▶ 鋁礬土是主要的鋁礦來源，它含有幾種通常一起出現的特殊礦物。

▶ 鋁礬土中含有稱為三水鋁石的 $Al(OH)_3$，還有 $AlO(OH)$ 另外兩種不同的晶體結構：水鋁石和一水硬鋁石。鋁礬土總是呈現凹凹凸凸的一團，但這幾種純的礦物則可以結晶形式出現。（一水硬鋁石甚至可以形成寶石，再切割拋光。）這一點也不意外，因為只有相對來說純度較高的物質才會形成晶體。

順道一提，我放了這幾種無機化合物的分子圖示在右頁的晶體旁邊，因為這是一種美麗的呈現法，可以看出每種物質含有哪些元素。不過跟簡單的化學式，例如三水鋁石的化學式 $Al(OH)_3$ 相比，這些分子圖通常也無法提供更多資訊。

同樣的圖示法用在有機分子上可就大有用處了。你在本書中看到的大多數例子都是有機分子，有機分子的化學式常常近乎無用，只列出碳、氫，可能還有氧原子的數量，卻無法告訴你它們彼此如何相連。這說明了碳元素真正的獨特地位，它是唯一一種元素，能夠不斷形成合乎邏輯的複雜結構，而且只有用圖片才能描述清楚。

▶ 三水鋁石

▶ 水鋁石

▼ 一水硬鋁石

▲ 八角柱狀的一水硬鋁石

更多礦石

每一種金屬都可從不只一種礦石中精煉出來。金屬開採量大的礦石會以金屬的名稱來命名，例如鐵礦、銅礦、鋁礦等等。其他金屬則依附在主要的金屬開採上。舉例來說，鎵是不太突出的金屬，主要的礦石來源是鋁礬土，正是鋁礦的主要來源。鎵是鋁礬土中的少量不純物，完全是鋁精煉時順道萃取的。

同樣的，其他「次要的鉑族金屬」，例如鋨、銥、錸、銠和釕，大多只是開採的副產物，在商業角度上是視為鉑礦的不純物。這使得這些元素的價格飄忽不定。當銠的需求增加時，產量也無法跟上，即使大家願意花很多錢買礦石裡的一點點銠的雜質，但開採更多的鉑礦並不符合經濟效益。相反的，當鉑的需求增加時，銠的價格就會暴跌，因為隨著鉑礦開採量攀升，銠的產量也跟著增加，不管大家需不需要。

▶ 黃銅礦是最重要的銅礦石。黃銅礦很美，這是因為它表面上生成的一層氧化物有分色效果*。但無論它有多美，採礦公司都會把它磨碎，因為從裡頭擠出的銅太值錢了。

*譯注：不同波長與偏振方向的光在晶體中的吸收度不同，因此晶體會隨著觀看的角度而呈現不同顏色。

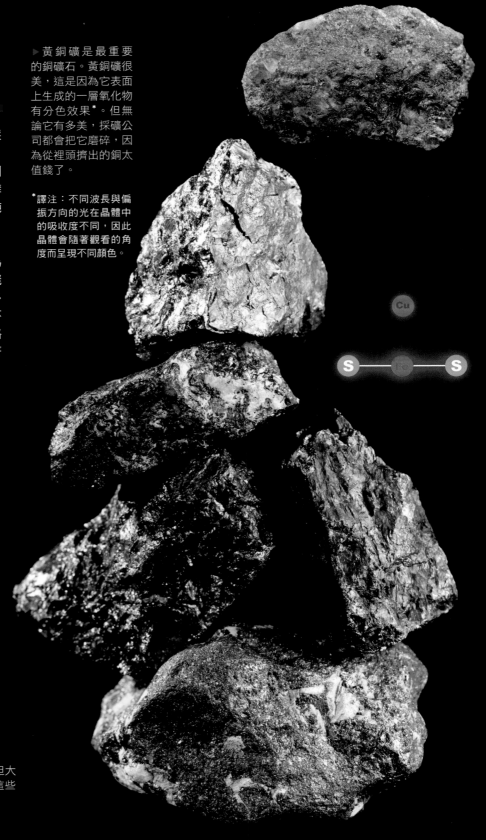

▲ 金礦石通常滿無聊的。當然，你偶爾找得到小塊的純金，但大多數的金都躲在完全不像金的岩石裡，就像上面這些岩芯，這些蕊芯開採自某個有金礦場潛力的位址。

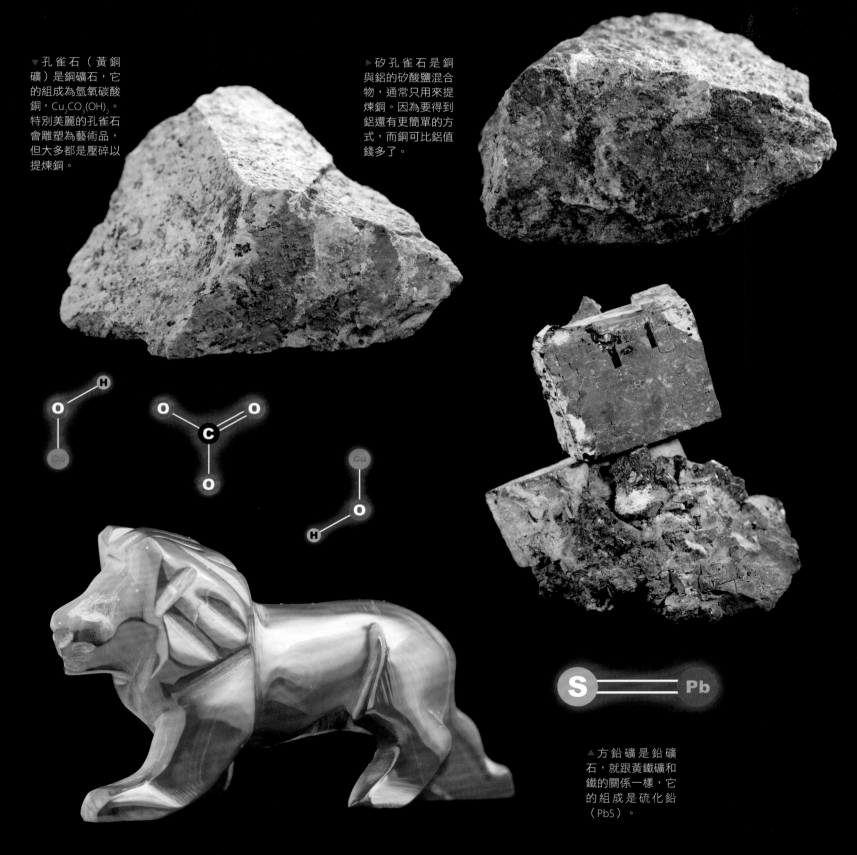

▼孔雀石（黃銅礦）是銅礦石，它的組成為氫氧碳酸銅，$Cu_2CO_3(OH)_2$。特別美麗的孔雀石會雕塑為藝術品，但大多都是壓碎以提煉銅。

▶矽孔雀石是銅與鋁的矽酸鹽混合物，通常只用來提煉銅。因為要得到鋁還有更簡單的方式，而銅可比鋁值錢多了。

▲方鉛礦是鉛礦石，就跟黃鐵礦和鐵的關係一樣，它的組成是硫化鉛（PbS）。

更多礦石

▲ 錳（Manganese）和鎂（magnesium）不一樣，它們的英文名字讀起來（如果你發音正確的話）也不一樣。軟錳礦是錳的礦石，含有二氧化錳（MnO_2）。

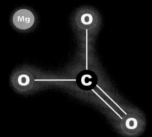

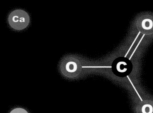

▲ 菱鎂礦（Magnesite）的英文名字看起來很像是有磁性（magnetic）的礦物，你可能會以為它是一種鐵礦。不過此處名字中的 mag 是來自於鎂（magnesium）。菱鎂礦是碳酸鎂（$MgCO_3$）。

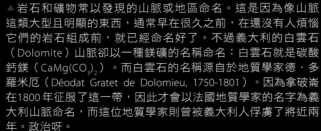

▲ 岩石和礦物常以發現的山脈或地區命名。這是因為像山脈這類大型且明顯的東西，通常早在很久之前，在還沒有人煩惱它們的岩石組成前，就已經命名好了。不過義大利的白雲石（Dolomite）山脈卻以一種鎂礦的名稱命名：白雲石就是碳酸鈣鎂（$CaMg(CO_3)_2$）。而白雲石的名稱源自於地質學家德‧多羅米厄（Déodat Gratet de Dolomieu, 1750-1801）。因為拿破崙在1800年征服了這一帶，因此才會以法國地質學家的名字為義大利山脈命名，而這位地質學家則曾被義大利人俘虜了將近兩年。政治呀。

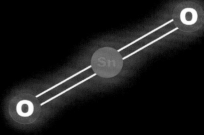

▲ 錫石是錫的礦石，它是錫的氧化物SnO_2。

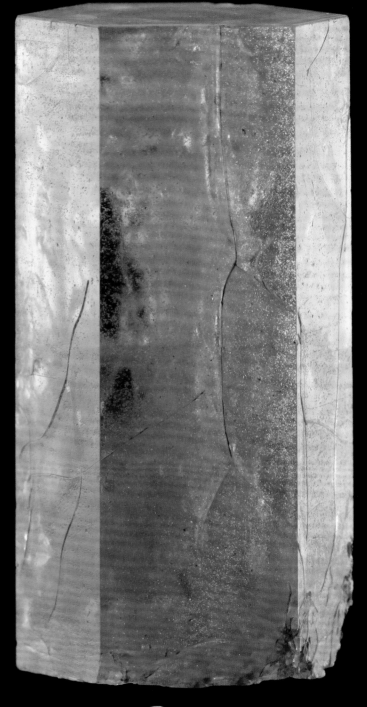

▲ 閃鋅礦是鋅礦石，成分為硫化鋅（ZnS），
通常還會參雜一些硫化鐵（FeS）汙染物。

▲ 綠柱石是鈹礦石，成分為鈹鋁環矽酸
鹽（$Be_3Al_2(SiO_3)_6$）。當它是純透明的晶體
時，就成為價值不低的寶石，長得醜一點
的就被碎石機壓碎成為導彈的一部分。這
裡得到的教訓是：如果你是岩石，最好生
得美一點。

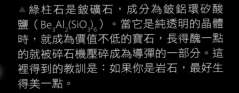

▲ 當鈹礦石裡摻了一些混合物而呈現誘人
的綠色時，就叫做翡翠。

礦石能提供的不只是元素

「礦石」一詞特指可提煉出純元素型態金屬岩石。除了元素，你還能從地底或挖或抽收割許多不同的東西，再直接轉換成其他用的化合物。

熟知的許多化合物，都是來自一連串化合物之間的轉換，可能包含了十幾個反應。有時過程中可能會有一兩個元素參與，但並不常見（最常見的例子是過程中會用到氧元素，用來氧化或燃燒）。

舉例來說，把椰子纖維加工取得的一種成分（纖維素），可以轉換分離成一種純的化合物，稱為人造絲（嫘縈）。藥物可能來自植物和蝸牛，肥皂來自豬隻和樹木，色素來自植物和礦物，香精來自鯨魚和野花，最後，萬物都有一點兒是來自原油。

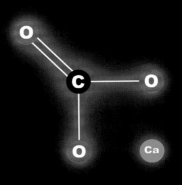

▲ 石灰岩是碳酸鈣（$CaCO_3$），原則上可以做為鈣金屬的礦石，但更常維持從地底開採出來的形式，然後壓碎成鋪馬路的石子之類的。它也是農用石灰粉（磨碎的碳酸鈣）及矽酸鹽水泥（氧化鈣與矽、鐵、鎂的氧化物的混合物）之原料。

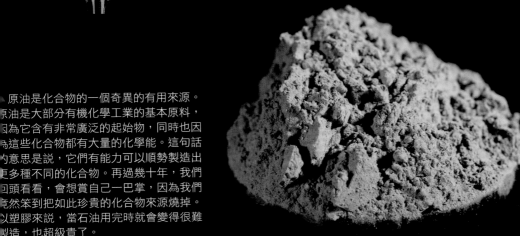

原油是化合物的一個奇異的有用來源。原油是大部分有機化學工業的基本原料，因為它含有非常廣泛的起始物，同時也因為這些化合物都有大量的化學能。這句話的意思是說，它們有能力可以順勢製造出更多種不同的化合物。再過幾十年，我們回頭看看，會想賞自己一巴掌，因為我們竟然笨到把如此珍貴的化合物來源燒掉。以塑膠來說，當石油用完時就會變得很難製造，也超級貴了。

◀ 混凝土和水泥是不一樣的。水泥，更準確的名稱是矽酸鹽水泥，是很細的粉狀物，裡頭含有氧化鈣（通常稱為生石灰）及矽、鐵和鎂的氧化物的特殊組合。加水混合幾個小時後，會硬得跟石頭一樣。混凝土是矽酸鹽水泥和砂子及小石頭（稱為骨料）的結合。水泥是黏膠，把骨料黏結起來形成混凝土。

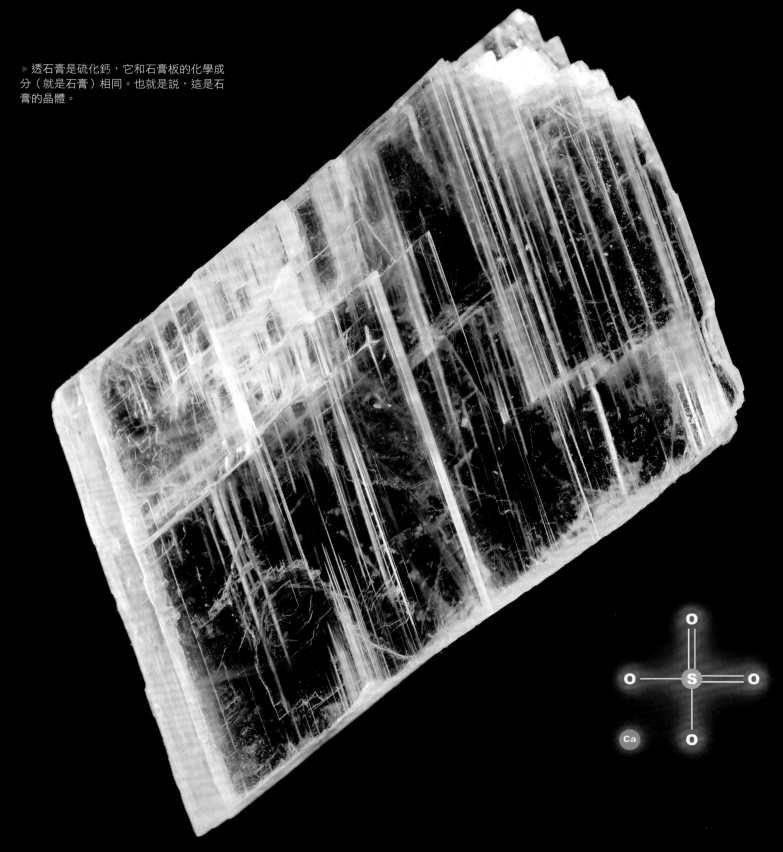

▶ 透石膏是硫化鈣，它和石膏板的化學成分（就是石膏）相同。也就是說，這是石膏的晶體。

礦石能提供的不只是元素

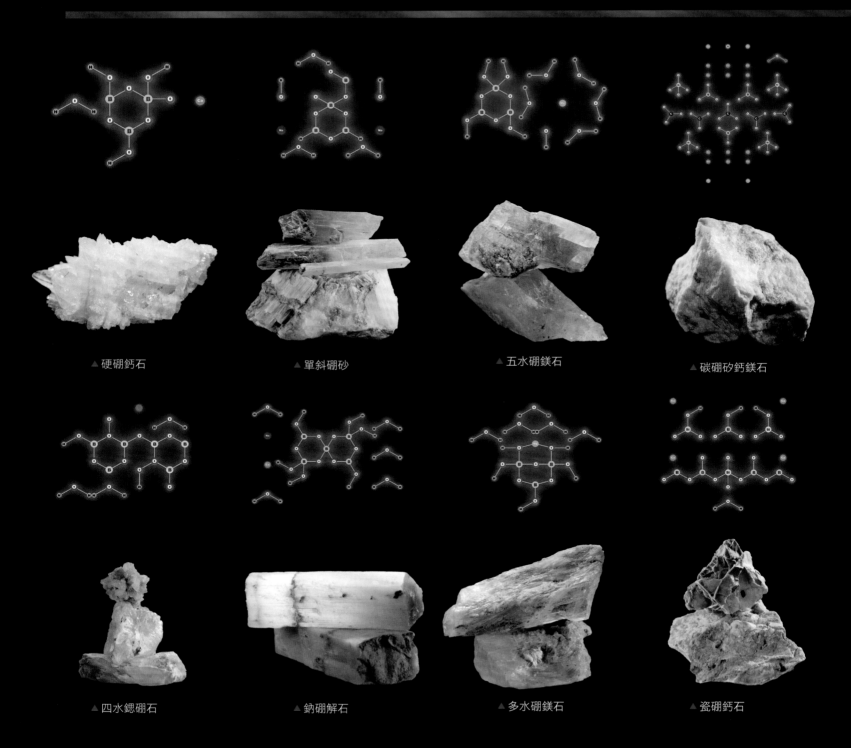

▲ 硬硼鈣石　　　　▲ 單斜硼砂　　　　▲ 五水硼鎂石　　　　▲ 碳硼矽鈣鎂石

▲ 四水鍶硼石　　　　▲ 鈉硼解石　　　　▲ 多水硼鎂石　　　　▲ 瓷硼鈣石

▲ 硼砂（硼酸鈉）通常是從其他礦物製成，但它在自然界中也會存在，例如這個晶體。

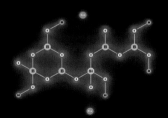

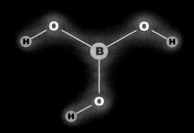

◀ 這些礦物都可以做為硼的礦石，但它們反而主要是當成硼砂，或其他含硼化合物的來源，而不用在取得硼元素本身。純的硼元素有一些應用，但製備上卻很困難，也很昂貴。如果你需要含硼的化合物，直接從另一種化合物轉換成終產物，不要特地把硼分離出來，這樣通常比較便宜也簡單多了。

▲ 三方硼砂

▲ 矽硼鈣石

▲ 硼酸是 H_3BO_3。如果你讀過第 2 章中有關命名的主題，也許會奇怪它為什麼會稱為酸，而不是醇。如果硼原子換成碳原子的話，它確實就會變成三醇（但是這個分子不會存在，因為碳原子不會只和三個氧原子如此相連）。但是硼不是碳，而這個分子中的電子分布會使氫原子的鍵結很弱，在水中很容易解離，呈現出酸類的基本性質。

▲ 斜硼鈉鈣石

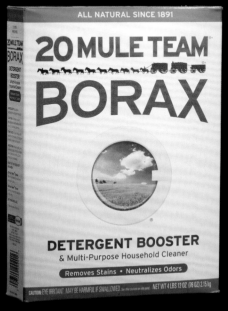

◀ 最常見的含硼化合物就是用在洗衣產品中的硼砂，有純硼砂也有和清潔劑混合的。這個美國的經典牌子 20 Mule Team Borax 賣的正是典型的含硼化合物，是從這一頁提到的礦物提煉而來的。

▲ 水合方硼石

▶ 洗衣服用的硼砂是硼酸的鈉鹽。硼酸（H_3BO_3）本身可以當做殺蟲劑。

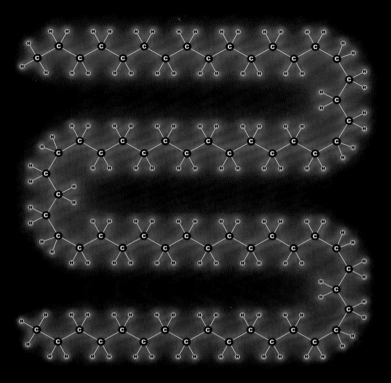

第7章

繩子與纖維

如果你自認對原子和分子世界有些直覺概念，你很有可能是錯的。電子不存在於任何特定地點，光同時既是波又是粒子。這一切都很詭異。所以說，纖維確實是由瘦長的分子構成的，儘管這是如此顯而易見，還是讓我有點驚訝。非但如此，當這些分子都排成對的方向時，纖維最強韌。條件對的話，你甚至可以直接親手感受纖維中的分子排列。

這些長的分子叫做聚合物（polymer），因為它們是由「很多」（希臘字根 poly）重複的「單元」（希臘字根 meros）組成的。最簡單的聚合物是聚乙烯，它是由很多重複的乙烯單元所組成。

聚乙烯分子就只是一條很長很長的碳原子長鏈，每個碳上都連接了兩個氫原子。它跟我們在第5章談礦物油時看到的結構相同。當你把碳原子一個個連起來，你會先得到氣體，接著是液體溶劑，然後是輕質的油，再來是重質的油、潤滑劑，然後是石蠟。這個步驟來到最後，當你把幾千個碳原子連成一串，就變成聚乙烯了。

◀ 這股五公分粗的尼龍繩是由己二胺和己二酸單元交錯連接而成的。

▲ 聚乙烯是軟趴趴的分子，可以相當自由的扭轉。每個碳碳鍵要旋轉時，會有一個小小的能量障礙，但是並不大。

▶ 聚乙烯是把許多乙烯的分子聚合（就是連起來）。乙烯是全世界產量最大的有機化合物，勝過其他任何分子。它主要用於製造聚乙烯。關於乙烯更令人驚訝的一點是，它是調節水果成熟的荷爾蒙，而荷爾蒙通常都是非常複雜的分子！右圖的裝置設計來吸收掉乙烯，讓水果能夠保鮮更久。也有相反的裝置，用來釋放乙烯讓水果更快成熟。

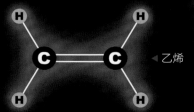

◀ 乙烯

最簡單的聚合物

聚乙烯可用來製造非常多種東西，但它的性質用普通的塑膠購物袋最能簡單看出。組成這些脆弱塑膠袋的碳鏈有幾千個原子長，它們隨意排列，有些捲起來，有些互相纏繞。這個材料很容易變形，因為個別的長鏈彼此間不存在任何鍵結，只有一種非常微弱的作用力（稱為凡得瓦力，見第12頁）。這些分子擁有很大的自由度，可以彎折、伸直，或互相滑動。

你可以輕易把袋子撕開，或往不同方向拉。但如果你一直拉，把它拉得愈來愈長，到了某一個時刻，它會突然間停止伸長，原本很容易屈服的塑膠袋，這時強度會顯著增加，甚至切進你的手指。這就是所有分子都順著你拉的方向排好，無法再拉長的那一刻。你感受到的強度，就是碳碳鍵的強度。

較花俏的聚乙烯會有預先拉直的更長碳鏈。但無論是何種聚乙烯類型，這些個別的大分子都沒有彼此相連。所以，為什麼你在拉的時候，這些分子不會直接滑開來呢？這就跟長繩子中的短纖維會黏在一起，是一樣的道理。

▲ 這塊可喜的滑溜方塊是由超高分子量聚乙烯所製成，裡頭的分子有幾十萬個碳原子長，而一般的聚乙烯只有一兩千個碳原子長。一條五十萬個碳原子長的聚乙烯分子，大約是1/20釐米長，以分子來說，真的是長得不得了！

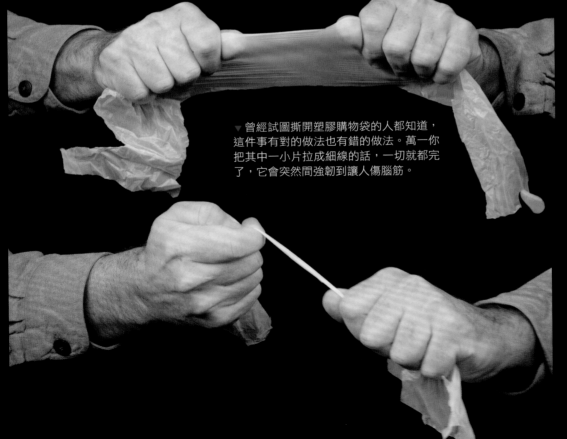

▼ 曾經試圖撕開塑膠購物袋的人都知道，這件事有對的做法也有錯的做法。萬一你把其中一小片拉成細線的話，一切就都完了，它會突然間強韌到讓人傷腦筋。

▲ 來自荷蘭的牌子「大力馬」（Dyneema）是非常強韌的超高分子量聚乙烯纖維，用來製造繩索，或如上圖中的防割手套。這種纖維中的分子最高可以有95%是順著纖維的方向排列。

▼ 溫度升高時，聚乙烯中的分子會愈來愈容易滑動。這意味著聚乙烯的熔點夠低，合成後可以用重新熔化、鑄形、壓製、捲起、射出成型等方法製成新的形狀。這些小珠子沒有任何功能，只能重新熔化，做成其他東西。

▶ 聚乙烯是低調而無所不在的材料。我花錢買了這些聚乙烯的包裝材料，因為我要確定這些真的是聚乙烯，而不是其他的替代材料。我搞不好曾經扔掉上百塊類似的聚乙烯塊，那些聚乙烯塊是在運送過程中用來保護較重的器材。

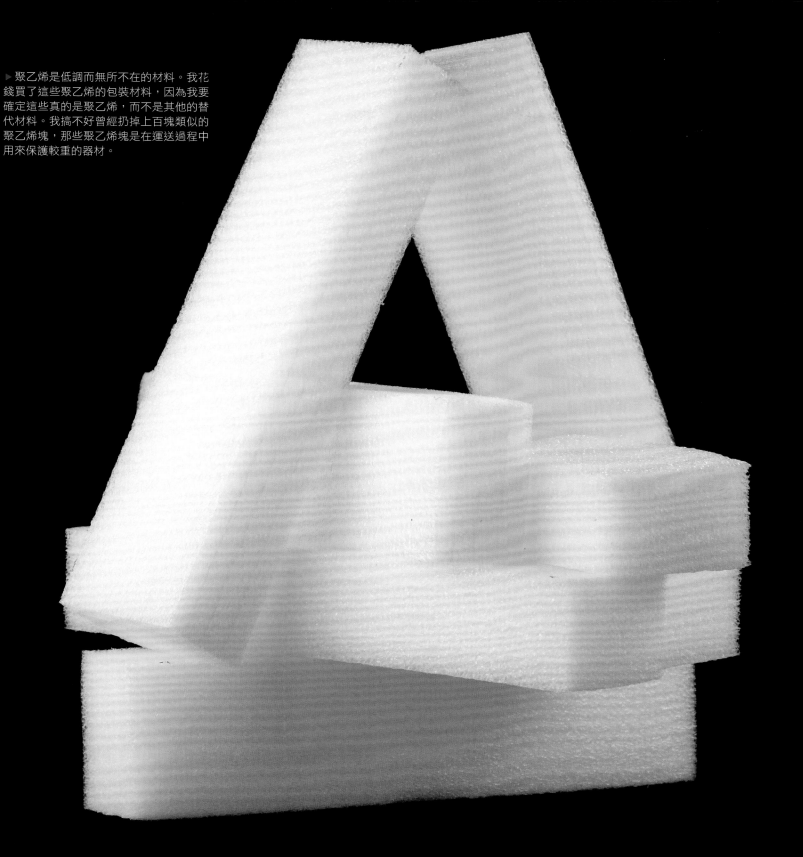

扭成高強度的絲線

棉花纖維大約只有 2.5 公分長。即使在將近 5 公里長的棉花線軸中，個別的纖維還是只有 2.5 公分長。它們可不是用什麼方法黏在一起的。這條線的強度完全只是來自於許多纖維彼此重疊，線的扭轉使個別的纖維互相卡在彼此的粗糙表面上。

正如同棉花纖維卡在一起，形成一股很長的棉線，很多長的分子也會如此隨意交疊，纏繞扭轉而卡在一起。雖然相鄰分子的原子間作用力，個別來說不見得很強，但當幾千個原子長的分子鏈互相排列靠近時，要滑動開來就很困難了。

這個現象也可說明，人類文明如何維繫這麼長久。個人的生命或許只有數十年，但我們交織而成的群體，卻因世代的交疊而有了力量。我們每個人的生命都因與前人和後代的生命纏繞扭轉而定位。從我們第一次一起在營火堆旁相聚以來，截至目前為止，我們幾寸長的生命已經織成了將近千尺的線。

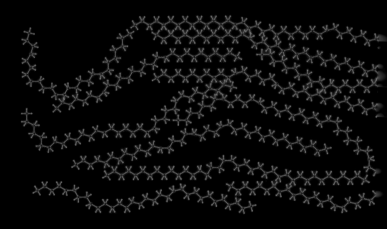

▲ 這些聚乙烯長鏈上的碳原子之間，鍵結非常強，但不同長鏈會聚集在一起，只是因為它們互相扭轉，以及相鄰分子間的微弱凡得瓦力。

▲ 這是用軋棉機處理過的棉花纖維，軋棉機是把纖維與種子分開的機器。在 1800 年之前，要把半公斤的纖維與種子分離，大約要耗費一天的人力。使用軋棉機可以減少到只要十五分之一的力氣。如果你偶爾覺得人類很聰明，進步是必然的，不妨想想建造軋棉機的技術早已存在，卻足足等了超過一千年才發明出軋棉機來。中間那段時間，大家就是坐在一起用手挑種子，一顆又一顆，一天又一天，一年又一年，一世紀又一世紀。

▲ 這個線軸（稱為寶塔線）上纏有超過5.4公里的棉線，或者如果你把三股個別細絲都算進來，就有 16 公里了。這條線中的個別棉花纖維，每條大約是 2.5 公分長，都只是靠這條線的扭轉而附著在一起。

▲ 如果你把棉線扭開，就可以不扯斷一根纖維而將它們分開來。多股的線會較難鬆開，因為每一股扭轉的方向和裡頭纖維扭轉的方向是相反的。

▼ 這是棉花從植物上採下來的樣子。纖維在棉花的果實「棉鈴」（cotton boll）中繞著種子生長，一方面保護種子，也幫助它們分散到風中及動物的背上。它和你在藥妝店裡買的棉花球（cotton ball）不一樣，雖然尺寸差不多。棉花球是棉花纖維經高度處理後，再塑回球形的。

長得像鞋子的分子

聚乙烯中的每一條長鏈分子都是完全分離的，分子之間沒有化學鍵結。但是聚乙烯與同樣包含長形分子的其他類似的聚合物放在一起，這些個別分子可以透過「交聯」過程，以化學鍵互相連結。交聯的步驟可以使材料更強韌、更耐高溫而不易熔化，也可以預防「潛變」，這是指聚乙烯類的材料長期承受張力，造成個別分子間發生極緩慢的滑動。

一方面，交聯可說是把材料整體轉為單一個巨大分子，這個分子的各別部分無論在任何溫度下，都不再能滑動。所以材料只要經過交聯，就不會熔化，這表示交聯必須在材料已經塑型成最終形狀後，才能進行（否則就得把已經交聯過的材料，切削成最終的形狀）。

硫化橡膠是交聯聚合物的早期例子。「硫化」的英文是 vulcanized，過程中會加硫、加熱以及加壓，讓橡膠分子間以一些硫原子相互連接。而任何和硫與高溫有關的東西，都可以用火山之神的名字 Vulcan 命名，因為火山會產生熱、硫，以及硫典型的刺激嗆鼻氣味。

現在，已經有許多種人工製造的交聯聚合物家族了。

▲ 來自植物（當然要經過純化）的天然乳膠，在醫學與科學上都有廣泛的應用。這個乳膠管幾乎比其他任何合成的替代品，都有更高的延展性。

▼ 硫化橡膠

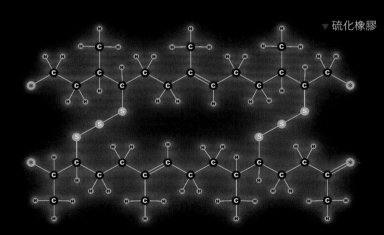

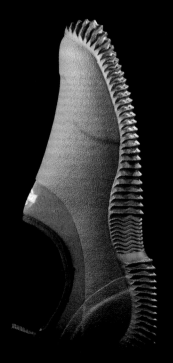

▲ 經過交聯又硫化的橡膠，只要引入更多硫的交聯點，硬度可以高到像是塑膠固體，跟你想像的一般橡膠完全不同。上圖的電絕緣器和豎笛揚音管的硬橡膠，硫含量可高達百分之三十！

▶ 這些鞋子的鞋底是硫化橡膠做的。它們不會熔化或溶解，因為在某個意義上，它們是做成鞋子形狀的一個巨大的分子。加熱時，這個分子只會燒焦、起火，但不會熔化。

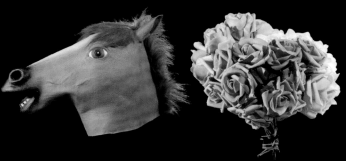

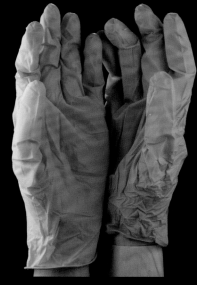

▲ 液態乳膠是未經交聯的天然橡膠，可當成特效化妝材料。由於乳膠的分子之間沒有交聯點，因此很容易溶解在不同的溶劑中。乳膠很適合用來模仿傷疤或是脫皮的皮膚，因為當一灘乳膠乾掉時，上面會形成一層硬化的「皮膚」，但底下還是液體，就可以做出各種噁心的裝扮。

▲ 你可以用乳膠做出很逼真的面具，或者也可以做這個東西。

▲ 乳膠不是只有正經的醫療應用。這些人造花是用乾掉的天然乳膠做的。

◀ 乳膠手套（綠色那隻）在醫院很常見，既可以保護不受感染，又可以維持敏銳的觸覺。但有些人對乳膠過敏，以合成腈類（帶有C≡N官能基團的分子）橡膠製作的類似手套（藍色那隻）也很常見，甚至更常見。這些顏色都不是材料天然的顏色，是額外添加，以分辨材質的。

▶ 腈類橡膠和乳膠有一些相似的分子結構，但完全是人工合成的，所以不可能含有任何存在於乳膠中的過敏原（來自於乳膠植物的汙染物）。腈類橡膠沒有天然乳膠那種複雜的二級結構，因此沒有乳膠的驚人延展性。

▶ 腈類單體

▲ 馬來膠

馬來膠

▼ 馬來膠是天然乳膠的化學近親，但是化學結構稍有不同，所以它無須交聯就能成為類似塑膠的堅硬固體。這個馬來膠相框看起來、摸起來都像硬塑膠。

▶ 馬來膠是取自膠木的古老材料，連它的英文名字聽起來都很老。但我有一顆牙齒裡頭就有一些馬來膠，就連現在，當牙醫清空壞牙根裡的死神經與血管後，都會用它來填補。把馬來膠（右圖中小柱子最末端染成紅色的部分）灌入牙根，來避免這免疫系統鞭長莫及之處受到感染。其他的填補材料效果都沒這麼好。

▼ 馬來膠單體

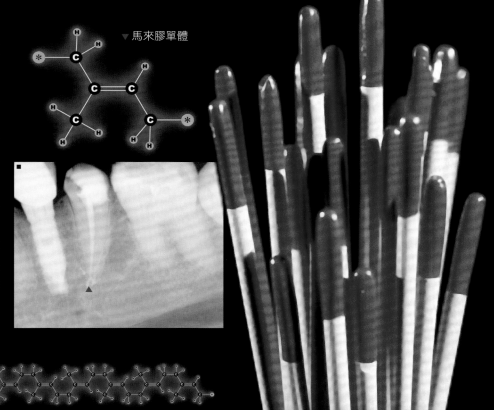

▲ 馬來膠聚合物

性感的人造纖維 尼龍

纖維工程是高科技產業。「破壞強度」可以測量出纖維有多高級，但並不是唯一的方式。舉例來說，在對的條件下，碳纖維可以比所有已知的纖維還要堅韌（而奈米碳管的強度可能又高了幾個數量級）。但是碳纖維滿脆的，所以其他的纖維在許多方面的應用都勝過它。

克維拉（Kevlar）是一種對位芳香聚醯胺纖維的品牌名（化學全名是聚對苯二甲醯對苯二胺），它的強度很高，類似碳纖維，但是韌性也很夠，可以吸收大量的能量而不斷裂，所以很適合做成防彈背心和魚叉繩。它也

能抗磨損，做成的繩索和保護手套很耐用。

其他種纖維具有種種理想特徵，可以浮在水面或抗腐爛，或有超柔的皮膚觸感。人造纖維工程藉由修飾纖維的化學結構（例如改變組成的分子）或物理形式（例如纖維的粗細、拉直或扭絞纖維），或兩者並行，能滿足非常廣泛的需求。

很多例子中，這些修飾的目標是以更經濟或更好的方式，模仿天然纖維的觸感，因為天然纖維有一些還挺不賴的特性。

▼ 尼龍的聚合物長鏈由交錯的己二胺和己二酸所組成，因此尼龍屬於「共聚物」。

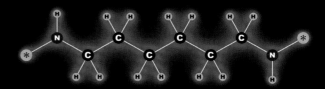

▲ 尼龍單體
己二胺

▼ 尼龍單體
己二酸

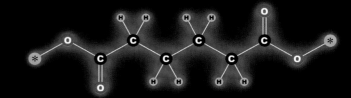

▼ 尼龍66聚合物

聚丙烯腈

▶ 這件假的羊毛毯無疑是你想像中最柔軟、抱起來暖和到最不可思議的毯子。你可以賣掉你的貓了，因為你再也不需要牠們了。我不確定這兩件事何者比較值得注意：是聚丙烯腈纖維可以如此逼近真正的毛皮，還是說儘管聚丙烯腈已經存在好一段時間了，毛皮製造商直到 2013 年才能達到這種完美程度。

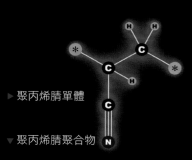

▶ 聚丙烯腈單體

▼ 聚丙烯腈聚合物

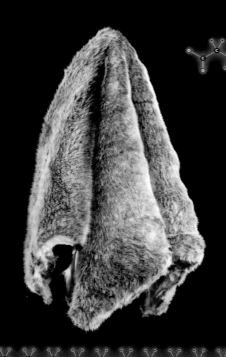

▶ 尼龍的發明真的大幅提升了絲襪的品質。事實上，尼龍襪業代表了人造纖維的早期成功案例，大眾首次能立即親身感受，人造材料如何優於其他任何天然材料。

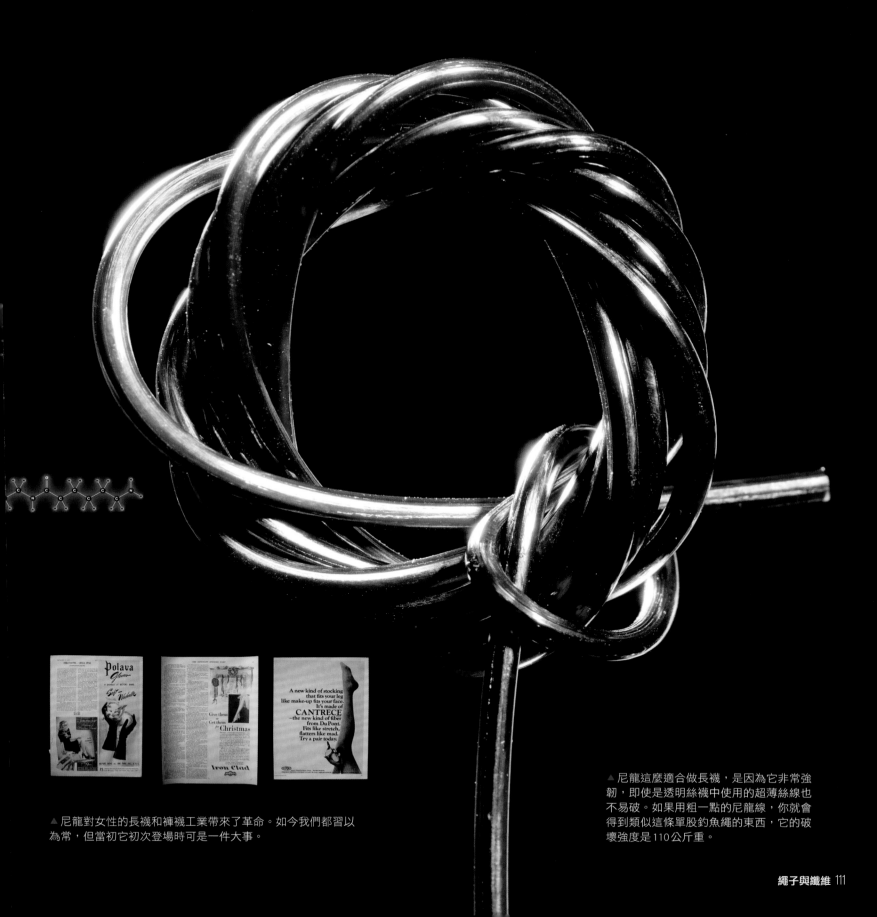

▲尼龍對女性的長襪和褲襪工業帶來了革命。如今我們都習以為常，但當初它初次登場時可是一件大事。

▲尼龍這麼適合做長襪，是因為它非常強韌，即使是透明絲襪中使用的超薄絲線也不易破。如果用粗一點的尼龍線，你就會得到類似這條單股釣魚繩的東西，它的破壞強度是110公斤重。

性感的人造纖維

克維拉

▼克維拉的重複單元結構滿複雜的，相鄰的聚合物分子因此特別能夠彼此協調，而黏在一起。

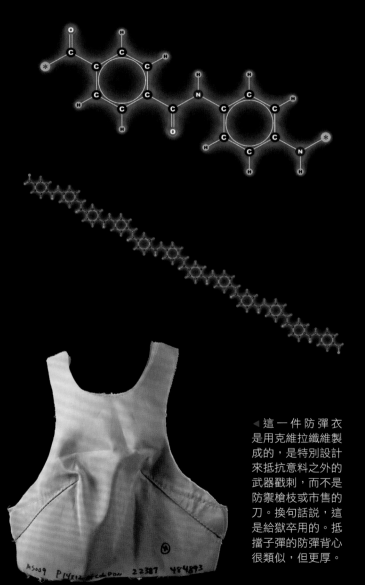

◄這一件防彈衣是用克維拉纖維製成的，是特別設計來抵抗意料之外的武器戳刺，而不是防禦槍枝或市售的刀。換句話說，這是給獄卒用的。抵擋子彈的防彈背心很類似，但更厚。

◄我曾為《科技時代》（*Popular Science*）雜誌的專欄寫過這個材料：它是防彈紙！在我的鐵球測試中表現得還不錯（我手邊沒有炸彈，只好臨時湊合了）。它的強度來自於厚橡膠層裡的克維拉纖維，兩種材料的結合，產生很大的伸縮彈性，能吸收爆炸的能量。

柴隆

柴隆纖維的抗拉強度比克維拉高，不過它有一些限制，因此不如克維拉普遍。但跟克維拉一樣，柴隆的聚合物重複單元也是非比尋常的複雜。

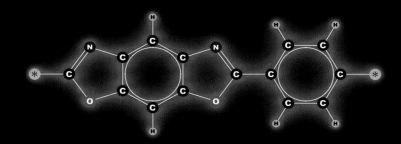

◄ 克維拉製的這類手套，是用來保護屠戶或練把戲的學徒，避免雙手為銳利刀鋒所傷。

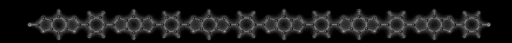

▼ 這條克維拉繩索直徑幾乎不到 3.5 釐米，但是它的破壞強度可達 900 公斤重，足以吊起一輛小車（只要車上沒人，沒有安全上的考量）。

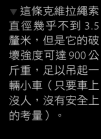

性感的人造纖維

聚丙烯

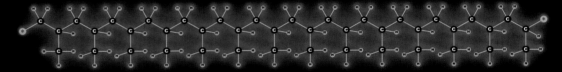

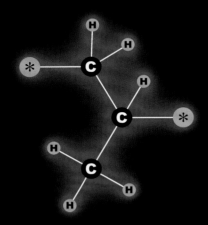

▼ 這是非常普遍的聚丙烯繩索，我不喜歡它。並不是聚丙烯有什麼錯，只是這類繩索的纖維很粗大，繩索變得粗糙難握，就像是很多單股釣魚繩纏在一起的感覺。光是用想的，我就記起從前用這種繩子打結的手痛回憶了。這個圖顯示的是我打的一個很糟的結。

▲ 這個袋子很大！它的容量大概有 1 立方公尺，荷重1,250公斤。它的提把是設計給鐵鍊或鏟車的叉齒使用的，底下還有一個開口可以解開，放出內容物（例如沙子）。它的材質是聚丙烯。

聚酯

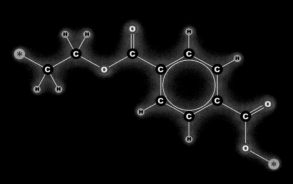

▶ 這條15公分寬的束帶用來拉很重的東西，例如把卡車或拖拉機從不該出現的地方拖走。它的終極破壞強度是30噸。它是由聚酯製成，可以延展到相當的程度而不斷裂，這點與常見的替代品不同，例如鐵鍊幾乎就完全沒有彈性，會直接斷掉。與最終破壞強度相等的聚酯束帶和鐵鍊相比，聚酯束帶的高延展性，是它能吸收如此多能量而不斷裂的原因。然而，這也使它更加危險，因為當這條帶子真的斷裂時，它已經儲存了一大筆能量，釋放出來時會猛烈回彈。所以你永遠、絕對不要直接站在承受強大張力的繩索旁。相較之下，鐵鍊斷掉時只會回彈一小段距離。另一個差別是，鐵鍊又冰又硬，這條聚酯皮帶則是柔軟到奢侈的地步。它摸起來像是纖細的絲綢，只是更便宜，更有可能繞在卡車車軸，而不是某人優雅的頸項上。但願如此。

聚乙醇酸交酯與聚對二氧環己酮

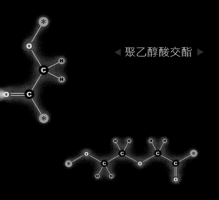

◀ 聚乙醇酸交酯 ▶

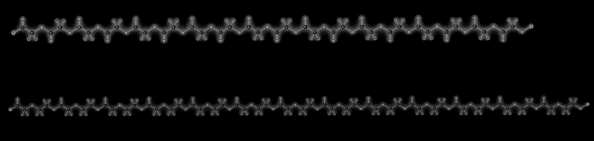

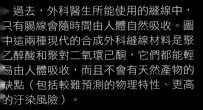

▲ 聚對二氧環己酮

▶ 過去，外科醫生所能使用的縫線中，只有腸線會隨時間由人體自然吸收。圖中這兩種現代的合成外科縫線材料是聚乙醇酸和聚對二氧環己酮，它們都能輕易由人體吸收，而且不會有天然產物的缺點（包括較難預測的物理特性、更高的汙染風險）。

▶ 如果需要不會受人體吸收的外科縫線，則會使用尼龍或聚乙烯。

植物纖維
是由糖構成的

天然纖維的世界豐富多樣。從椰子到駱駝，幾乎所有毛茸茸的東西，都可以用來製造繩索、紗、線、布或棉絮。狗毛做的短襪可能很奇怪，但是又哪裡比綿羊毛短襪或山羊毛短襪奇怪了？甚至還有用人類的毛髮編織的手鍊和項鍊呢。

植物纖維在化學上滿簡單的，在很多方面都跟人造纖維很類似。植物纖維大部分主要都是由纖維素所構成，纖維素的個別重複單元是葡萄糖分子。

這說明了為什麼有些微生物，以及腸道中有這些微生物的動物，可以攝取纖維素，從其中的糖得到能量，也就是說，牠們會吃草。其他動物（例如我們人類）沒有能夠消化纖維素的正確酵素，所以如果想利用纖維中的能量，就必須先把它餵給其他動物，再吃動物的肉或喝牠們的奶（這就是放牧）。

▼ 許多植物纖維也含有一部分木質素，木質素的重複單元包含三種醇類分子的混合：芥子醇、松柏醇和對香豆醇。（有關更多醇類的化學定義請見第38頁。）

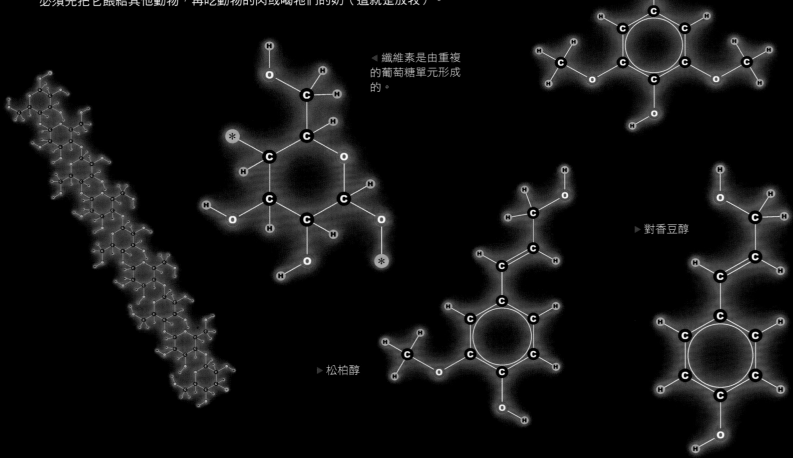

▶ 芥子醇

◀ 纖維素是由重複的葡萄糖單元形成的。

▶ 對香豆醇

▶ 松柏醇

木材約含有七成的纖維素和三成的木質素。這類的「木刨花」在以前是很常見的包裝材料，但我已經有一陣子沒看到了。這些是從我地下室找出來的，至少已經有四十年的歷史，是我父母傳給我的。木材是富含纖維的材料，但很少用來製造繩子或絲線。木頭纖維反而是用來製造紙張、紙板、書本，當然還用於天然以及設計的木製品，例如桌、椅、書架以及結構樑。

▲便宜的紙張是用木纖維製成的，常見的報紙或便宜的平裝書，都含有相當的木質素成分，它會隨時間釋放出酸類，使紙張變黃，最終毀損。較老、較貴的棉紙沒有這個問題，因為棉花本來就幾乎不含任何木質素。

▶這是印度手製紙，用純棉製的，意思是只含幾乎純的纖維素。用棉花製造需要長時間保存的檔案紙張很理想，因為棉花纖維不像木纖維，它天生所含的木質素非常少。木質素是造成便宜紙張久了會發黃的物質。

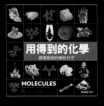

◀這本書印製的紙張成分是移除木質素的木纖維。對於預計維持合理時間的書籍，或紙面必須光亮、潔白如新的其他用途來說，這是最常見的紙張種類。這樣的紙稱為無酸紙，但若真要達到檔案紙等級，還需要添加額外的緩衝劑及中和劑，以防大氣中的酸類對它造成毀損。

植物纖維由糖構成

▼ 瓊麻纖維來自於幾種龍舌蘭科的植物，就是可以蒸餾出龍舌蘭酒的同科植物。這種纖維有許多用途，最有代表性的是用在貓抓桿上。我不覺得貓兒有好好體會，我們付出了多少努力才找到對的材料以取悅牠們。

▲ 椰子纖維可以從椰子殼中分離出來。

◀ 熱帶地區以外的人們在店裡買椰子時，只會拿到種子的部分，也就是內部充滿液體的硬殼。但是新鮮的椰子從樹上掉下來砸到你的腦袋時，那顆種子周圍有一層充滿纖維的外殼環繞，那是繩索、地墊、育種基材的纖維原料。

▲ 椰子纖維製的繩索並不是真的很好用，但是顯然很得鸚鵡的歡心，正如貓兒喜愛瓊麻纖維製成的繩索那樣。寵物店經常販售這種纖維。

▶ 這一株龍舌蘭科植物的學名是 *agave sisalana*，正是繩子、紙張，還有幾乎所有貓抓桿的瓊麻纖維來源。每片葉子中只有很少的比例是纖維，加工時，植物的其他部分都浪費掉了。

▲ 亞麻纖維是古老的纖維，取自亞麻這種植物，它的種子是亞麻籽油的來源。亞麻今日仍用來製作花俏的床單，但是市面上大多數宣稱是「亞麻布料」的商品，其實是棉製品，或是棉花與人造纖維混合製成的。

▲ 苧麻纖維是大家早就知道但不出名的纖維，但令人驚訝的是，它來自於蕁麻（不是會刺人的那種）。就像亞麻纖維是取自亞麻植物，苧麻纖維的原料不是採自蕁麻莖的木質部分，也不是外層的樹皮，而是來自莖的內外層之間韌皮部，也就是樹皮的內層（上下輸送樹液的部分）。

▼ 大麻纖維曾有多種用途，上至衣物下至船繩都見得到它的踪影。大麻的耕種曾是遍布全世界的巨大產業。後來，某些以迷幻劑著稱的大麻種類引起關注，導致大麻纖維不受歡迎，甚至連栽植和銷售不含精神刺激成分的品種，都遭完全禁止。大麻纖維現在有復出的跡象，因為大家已經認清它在生態上的好處。

▶ 市面上販售的竹纖維在分類上位於有趣的灰色地帶。竹幹的柔軟內部材料可以直接以機械加工製成繩索和絲線，但大多數冠了「竹纖維」之名的商品，似乎是以竹子製成的嫘縈人造絲。它的來源可能是竹子，但嫘縈是經過化學處理的纖維素，植物來源幾乎已經無關緊要了。如果說這種纖維和原本的竹子纖維沒有任何物理上或結構上共通的特性，它到底哪裡算是竹子了？

不過別擔心，這條竹繩來自一位特別的製造商，他向我保證這是真正的竹纖維，不是再製的人造絲。

▶「嫘縈」似乎就是人造纖維，對嗎？某方面來說是的，但就某方面來說又不是。要製造嫘縈，多種來源的植物纖維素要經過純化、溶解，再壓製成新的纖維。以化學而言，嫘縈完全就是天然的植物纖維素，很類似棉（幾乎是純的纖維素）。以物理而言，嫘縈完全是人造的形式。

▼ 黃麻是除了棉花以外，用途最廣的纖維。最常見的用途可能是麻袋，但也用於製造麻繩，麻繩在捆乾草堆等多種用途上都很需要。

植物纖維由糖構成

▶ 這種繩子以前是用來折磨中學生的，因為他們體育課得爬上它。這種繩子很刺，聞起來很奇怪，爬上去一點都不好玩。（這一切都不能算在馬尼拉纖維頭上，不過很刺還有不好聞的部分確實是它的錯。）馬尼拉纖維來自馬尼拉麻，它是香蕉的近親。

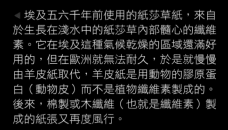

◀ 埃及五六千年前使用的紙莎草紙，來自於生長在淺水中的紙莎草內部髓心的纖維素。它在埃及這種氣候乾燥的區域還滿好用的，但在歐洲就無法耐久，於是就慢慢由羊皮紙取代，羊皮紙是用動物的膠原蛋白（動物皮）而不是植物纖維素製成的。後來，棉製或木纖維（也就是纖維素）製成的紙張又再度風行。

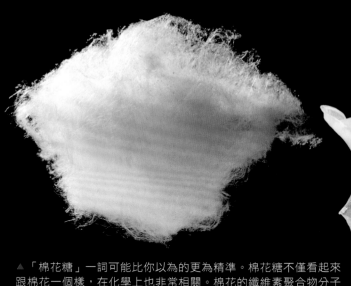

▲「棉花糖」一詞可能比你以為的更為精準。棉花糖不僅看起來跟棉花一個樣，在化學上也非常相關。棉花的纖維素聚合物分子是葡萄糖分子串成的長鏈（見第116頁）。而棉花糖的材料則是蔗糖，它是兩個糖分子連在一起（一個葡萄糖和一個非常相似的果糖分子）。唯一真正的差別是，在纖維素裡的糖分子，串聯的位置不同，所以無法由我們消化系統中的酵素分解。

▶ 如果這是鳥喙，就會是由角蛋白所組成，成分就跟鳥羽毛或哺乳類的毛髮一樣（見下一節）。但這其實是重達50公斤的巨大美洲大赤魷的嘴巴，所以是由化學上簡單許多的幾丁質組成的。幾丁質是聚合物，它的重複單元N-乙醯葡萄糖胺是葡萄糖的衍生物。化學上，這使得幾丁質和植物的纖維素非常類似，而與動物的角蛋白非常不同。

動物能製造複雜的纖維

商業用的纖維中，沒有一種來自軟體動物、甲殼類、蜘蛛或蠕類，但我們確實會使用昆蟲和哺乳類製造的纖維。以化學來說，牠們的纖維比植物生產的纖維複雜多了，而且在性質上是簡單的化學構造難以匹敵的。

動物纖維是蛋白質，是由胺基酸構成的單元相連而成的長形分子。二十一種有重要生物功能的胺基酸，每一個都有相同的連接構造，與鄰居相連而成蛋白質鏈，另外還各有一個不同的「側鏈」，賦予其獨特的性質。胺基酸的側鏈大小各異，而且末端可能帶有正電或負電，可能會受水分子吸引或與水相斥。這一字排開的選擇，讓蛋白質能扮演的角色範圍驚人，從生物體中催化反應的酵素，到生物體本身的結構組成都有。

這些選擇也使蛋白質纖維具有廣泛的有趣特性。例如，蛋白質可能會把親水的一段和其他排斥水的幾段連接起來，連接方式使這個蛋白質在乾燥的時候捲起來，濕潤的時候伸展開來，反之亦然。（摺疊機制實例請見第67頁。）

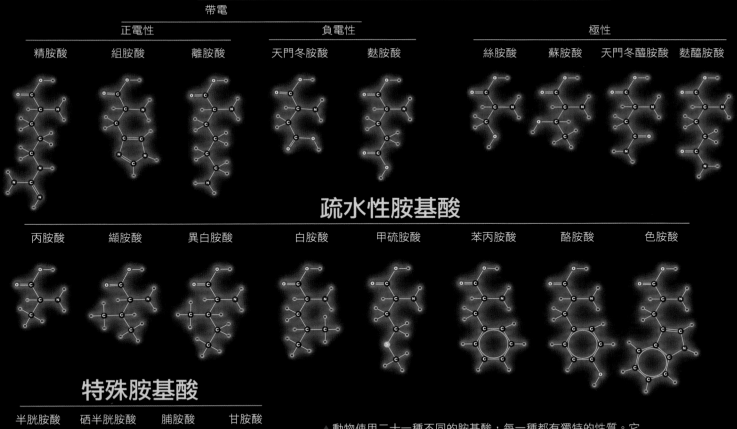

親水性胺基酸

	帶電					極性			
正電性			負電性						
精胺酸	組胺酸	離胺酸	天門冬胺酸	麩胺酸		絲胺酸	蘇胺酸	天門冬醯胺酸	麩醯胺酸

疏水性胺基酸

| 丙胺酸 | 纈胺酸 | 異白胺酸 | 白胺酸 | 甲硫胺酸 | 苯丙胺酸 | 酪胺酸 | 色胺酸 |

特殊胺基酸

| 半胱胺酸 | 硒半胱胺酸 | 脯胺酸 | 甘胺酸 |

▲ 動物使用二十一種不同的胺基酸，每一種都有獨特的性質。它們可以連接形成數千個胺基酸單元長的蛋白質鏈，在創造有趣的巨型分子上，幾乎有無限的潛能。

動物體外的蛋白質纖維

溫血動物製造最多的蛋白質就是角蛋白。這種複雜的蛋白質擁有特別高百分比的胱胺酸，這種胺基酸是把兩個含有硫原子的半胱胺酸分子以硫－硫鍵相連而成。這些鍵完全類似提供硫化橡膠強度的硫接點。跟橡膠情況相同，蛋白質含有的硫鍵愈多，分子愈剛硬。

胱胺酸含量與硫鍵結決定了角蛋白的硬度，從你愛人那柔軟鬈髮到能把你拋得三公尺高的犀牛角裡都有角蛋白（若你接著再淪落到這頭野獸的蹄下，就必死無疑了，那也是角蛋白做的）。

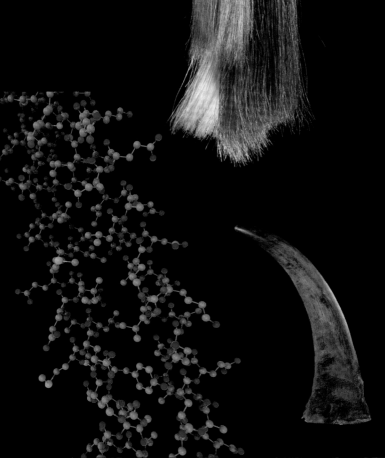

▷ 角蛋白會形成複雜的超螺旋結構，但一定往左旋。地球上的蛋白質分子都是左旋的，我們處在左旋的星球上。對了，要分辨某個生命是否來自外星有兩個好方法：看它的分子是否大多為右旋，或看它的元素同位素分布，是否和地球上的有很大的不同。第一個方法可以證明，它的演化是獨立於我們之外（有可能在我們的星球或在別處），第二個方法可以證明，無論它在何處演化，這個生命一定是在別的星球生長的。就算有外星人想混在我們之中不被發現，他的這兩個差異也幾乎是不可能隱藏的。

◁ 馬毛毯是出了名的不舒適。你從這把馬尾有多粗糙就能看出來為什麼了，相較之下，人髮細緻多了。兩種毛髮在市面上都買得到。馬毛用於編織或綁辮的藝品，以及小提琴等弦樂器的弓。人髮可以用來做假髮或用來接髮。

▲ 人髮做成的手環或項鍊（通常來自過世的摯愛，有時會附掛一張小照片或那人的名字刻字）在英國維多利亞時代頗為流行。

▷ 爪子和指甲及頭髮相同，都是由蛋白質所形成。這是獾的爪子。（熊爪項鍊在許多文化中，都是更為強力的象徵，但也更難取得；市面上賣的大多是仿的。）

◁ 構成這根堅硬犀牛角的角蛋白，含有很高比例的胱胺酸，它大量的硫－硫鍵，使蛋白質很硬。

不同於此處的大多數物品，這根犀牛角不是我的收藏。它鎖在芝加哥菲爾德自然史博物館某間祕密的小室裡。犀牛角在中藥裡是相當珍貴的壯陽藥，從野外獵取是違法的，而幾起備受矚目的竊案，使博物館幾乎把所有曾公開展出的犀牛角都藏起來了。

感謝菲爾德自然史博物館准許我們拍攝這件稀世珍寶。

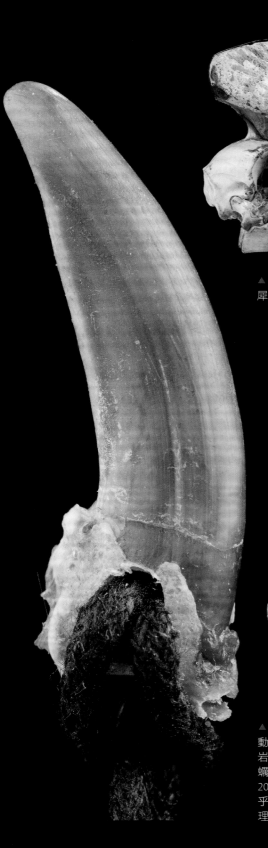

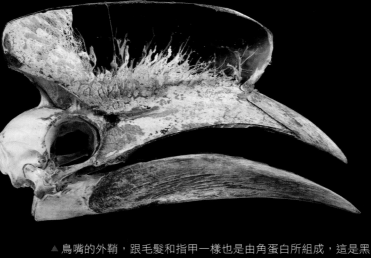

▲ 鳥嘴的外鞘，跟毛髮和指甲一樣也是由角蛋白所組成，這是黑犀鳥的嘴，它的內部則是支撐角蛋白的多孔骨質結構。

▲ 清潔和洗澡用的「海綿」，不管是名字還是概念，都是來自幾種海中的海綿生物。現在幾乎所有的海綿都是合成的，但也買得到天然的海綿；你拿到的部分是這些奇怪的群聚生物的骨骼。海綿沒有大腦、神經系統、消化系統或任何其他系統。牠們就只是群落的細胞，以膠原蛋白構成的骨骼生長在一起。所以很難分辨海綿是屬於動物體內還是體外的膠原蛋白，連要定義海綿生物的裡外都是很難的。

▶ 這一個東西看起來有點像海綿，但其實是受歡迎的絲瓜絡洗澡擦布，完全不是從動物身上得來的。它來自一種植物（更準確的說，是絲瓜）。通常你看到的是切成段的絲瓜絡，但這完整的一整根，可讓你看出原本的植物形狀。它裡頭的纖維是纖維素和木質素組成的。

▲ 這個特別的材料稱為足絲。之前說過，纖維產品沒有來自軟體動物的，這算是反例。足絲是蛤蠣和貽貝在水中用來把自己黏在岩石上的纖維。這種以角蛋白為主的材料，來自於一種常見的蛤蠣，牠可以製造出大約5公分長的纖維。但是有些足絲可以達到20公分長。這種纖維能夠做出令人歎為觀止的織物，不過目前似乎只有薩丁尼亞的一位藝術家，會使用足絲纖維做物品，因此合理推測，它還沒有一般的商業用途。

好多種毛髮！

市場上（我是指eBay）可以買到如此多種不同的動物毛髮，實在是挺了不起的。每一種毛髮都有獨特的性質，無論是硬度、保有靜電的能力、表面粗糙度、顏色、來源處聽起來酷的程度（這可能是時尚用途中最重要的一點）都不同。

▲ 鍍金箔是古老精巧的藝術。金箔細緻得難以置信，用手指觸碰會瞬間毀了它。唯一的拿取方法是利用刷子尾端的一點靜電力，正確的來說，要用松鼠毛做的刷子。我們不清楚到底是灰色、紅色、藍色還是棕色的松鼠毛最好用，每種顏色都曾做為「鍍金尖刷」。

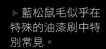

▲ 這個山羊毛刷是化妝用的。

▼ 黑貂是類似鼬的動物，大約只有半隻貓那麼重。牠們的皮毛是高級的奢侈品，例如貂皮大衣。除了大衣，也有貂毛做的刷子。

▲ 我曾經騎過大象，所以我一點也不驚訝大象的毛髮可以用來做手環，就跟平常用金屬絲做的一樣。我無法百分之百確定這是大象毛做的，但我拿它進行了真絲測試（見第128頁），而它看來的確像某種天然毛髮，基底是蛋白質。它可能真的是大象毛，因為我想不出來還有哪一種動物會有這麼粗的毛！（順帶一提，這個測試呢，是用火燒。蛋白質燃燒的樣子跟氣味，都跟人造品差很多。）

▶ 藍松鼠毛似乎在特殊的油漆刷中特別常見。

▶ 好吧，這東西讓我甘拜下風了。竟買得到長頸鹿毛編的手鍊，這讓我既讚嘆又煩惱。讚嘆的是我們的世界如此充滿連結，我坐在客廳，送一封電子訊息給南非的某人，麻煩他給我空運一些長頸鹿毛，然後幾天後我就收到了。但如此的社會真的能夠維繫下去嗎？我不是指生態的觀點，我只是說整個世界到底變得多麼緊密交織了。

來自暖呼呼毛茸茸動物的角蛋白

用途最廣泛的動物纖維來自一些柔軟溫暖的動物，例如綿羊和毛茸茸的鳥兒。這不意外，因為我們也用這些纖維保暖，讓自己有柔軟的東西可穿，有柔軟的地方可坐、可走、可睡。

▼ 這是綿羊的毛髮，更準確的說，就是所謂的羊毛。羊毛的用途非常廣，每年的產量超過一百萬噸。這些羊毛來自蒙大拿的雪特蘭羊（Shetland sheep）。我應該補充說明，把這種物質稱為「綿羊的毛髮」，會讓某些綿羊飼主不爽，因為在他們的詞彙中，綿羊那太直、太滑溜，而無法集中紡成紗的「毛髮」（hair）和長在毛髮底下，受毛髮保護的「羊毛」（wool）是不一樣的。但大致說來，羊毛就是剛好有許多彎折，表面粗糙可以黏在一起的毛髮。就跟所有其他種類的毛髮一樣，羊毛的特性來自於組成的角蛋白上面胺基酸序列的細節。

▲ 馬海毛是安哥拉山羊毛（別跟安哥拉羊毛搞混了，那是安哥拉兔的毛）。這種山羊毛用來做毛衣、騷包的外套，更有趣的是用在洋娃娃的頭髮上。我不確定為什麼它沒有用來做人類的假髮。

▲ 是的，真的有狗毛襪。這是我在一次狗展上買到的。它是用新斯科舍誘鴨尋回犬的毛做成的。這個品種的狗，毛色紅黃摻雜，胸部有一叢白色的毛。編織這隻襪子的紗沒有染過色，狗兒的毛看起來就是這個樣子。

▶ 大部分的羊毛都來自澳洲、紐西蘭和中國，但全世界都有當地的綿羊牧場。出產右圖中這些羊毛的地方離我在伊利諾州中部的家不過幾公里，那裡的綿羊產業和釀酒業一樣出名。我女朋友的媽媽想要把這些毛線編成一隻綿羊，不過只來得及做出屁股的部分。所以我們這會兒只能在書中收錄一張編織成綿羊屁股的照片。

▶ 駱駝毛（其實是駱駝的裡毛，已移除了外層粗毛）軟得讓人吃驚，廣泛用作大衣材料。另一方面，所謂的「駱駝毛」油漆刷，反而常是用比較便宜的毛髮做的，比方說松鼠毛。

來自暖呼呼毛茸茸動物的角蛋白

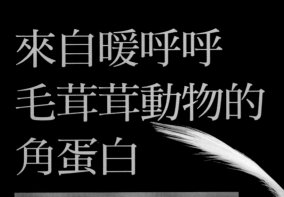

▲ 鳥的羽毛（就像這些我從枕頭掠奪得到的鴨毛）是由一種蛋白質鏈製成的，與人類和其他動物毛髮的角蛋白相似，但更硬。羽毛蛋白和我們指甲中的角蛋白，關係較接近。

▲ 直接把鴨絨原料運進美國好像有點法律問題，所以我的樣品是從這顆可愛的小絲質枕頭裡取出的。

▼ 鴕鳥羽毛直到今天都還廣泛用於除塵。當然也有合成的替代品，也比較便宜，但據說鴕鳥羽毛效果較好，因為鴕鳥羽毛細絲表面的微結構可以捕捉灰塵，不是只把灰塵掃到別處。大自然最拿手的是製造出不可思議的複雜微結構，這是因為大自然的機器只有分子大小，但我們人類的粗糙機器卻很大。

▲ 這種鴨絨做的溫暖棉被，一件要價美金一萬五千元，也就是說這種材料可能是錢所能（合法）買到最貴的角蛋白形式。為什麼會有人願意花這麼多錢買鴨肚上的毛？羽絨相對於羽毛，就跟羊毛相對於毛髮一樣；羽絨和羊毛都是柔軟的內裡，更為保暖，受到一層更長、更硬、更防水的外層皮毛保護著。羽絨比起羽毛，在保暖性和柔軟度都更勝一籌，所以最好、最貴的外套和毯子都是以純羽絨填充的，便宜一點的會用羽毛，或兩者混在一起填充。

羽絨的等級也不是都一樣，較寒冷地區的鳥兒，身上的羽絨比較厚、比較暖，所以最理想。鴨絨（eiderdown）是特別的羽絨，幾乎完全採自冰島的絨鴨（Eider duck），據說是從絨鴨的鳥巢中以不會傷及鳥和鳥蛋的方式取得的。每個鳥巢可以提供的鴨絨，大約和眼前這團大小相當：20 克。一整年的總產量用一部小卡車就裝得下。

絲

公認的天然纖維之王不是來自哪種可愛的哺乳類，而是來自最低等的生物之一：蟲，更準確的說是蠶。其實蠶不是蟲，而是蠶蛾的毛蟲幼蟲。絲滑軟、平順，又不可置信的強壯，自古就為人所知。它也非常昂貴，需要很小心的清潔，比起粗勇的棉、羊毛和人造纖維，絲是很難伺候的奢華纖維。

絲也是一種蛋白質，類似毛髮，但有些許不同，它是：蠶絲蛋白。

▲ 丙胺酸

▲ 甘胺酸

▲ 絲胺酸

蠶絲蛋白的化學結構相對簡單，只含有三種不同胺基酸形成的重複結構。但是它的物理結構卻很複雜，蛋白質骨架折疊成圈狀或板狀，讓絲強壯有光澤。

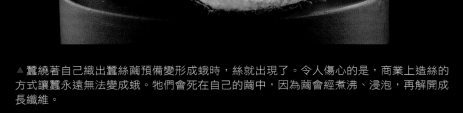

▲ 蠶繞著自己織出蠶絲繭預備變形成蛾時，絲就出現了。令人傷心的是，商業上造絲的方式讓蠶永遠無法變成蛾。牠們會死在自己的繭中，因為繭會經煮沸、浸泡，再解開成長纖維。

◀ 絲繩有一點點瘋狂，除了某種用途之外，其他的商業用途都無法合理化它的昂貴。

▼ 絲製成的醫療縫線很強韌，但多已由更好的合成品取代。

▼ 生絲纖維紡成線之前非常美麗，光澤閃耀。

▼ 許多股的絲可以紡成線，就跟棉一樣，不過絲線強韌多了。

▼ 因為絲的高強度與輕重量，降落傘一直都用絲製作，直到由先進的尼龍纖維取代為止。這一片織物來自二戰時的絲製降落傘。

▼ 手工粗織的絲布一點也不粗糙，即使是這種形式，仍能顯出絲的柔滑軟度。

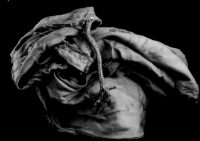

火的試煉

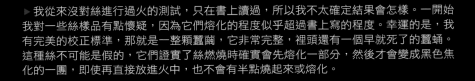

在實驗室外，只有一種方法可以真正分辨一個東西是不是真絲：拿一小塊樣品來燒。無論是絲、毛髮或是皮革，天然蛋白質纖維燃燒時會熔化一點點，但大部分會燒成黑焦的一塊。大部分的人造纖維，例如尼龍，表現則非常不同：它們會熔化，退縮成球狀，然後形成更小顆的熔化塑膠火焰小球往下滴落，燒完後什麼都不剩。你只要看過這兩者的燃燒現象，就不會搞錯何者是合成物。

棉花或木頭之類的植物纖維，燃燒時沒有任何熔化的跡象：它們就只是慢慢燒成灰。還有好玩的是，就連鋼絲絨纖維，如果夠細的話都很容易燃燒。

▶ 我從來沒對絲進行過火的測試，只在書上讀過，所以我不太確定結果會怎樣。一開始我對一些絲樣品有點懷疑，因為它們熔化的程度似乎超過書上寫的程度。幸運的是，我有完美的校正標準，那就是一整顆蠶繭，它非常完整，裡頭還有一個早就死了的蠶蛹。這種絲不可能是假的，它們證實了絲燃燒時確實會先熔化一部分，然後才會變成黑色焦化的一團，即使再直接放進火中，也不會有半點燒起來或熔化。

▼ 這個沒有紡過的「粗絲」，在指間摩擦時會有一種獨特的「黏」感或「吱吱作響」感，很像某些特定的合成繩。我原本滿肯定它是假的，因為和絲線感覺非常不同，不過火的試煉排除所有疑問，它確實是真正的絲。

▼ 這條絲線在手中滑過的觸感，完全沒有粗絲的吱吱作響感，但在火焰之下，它的表現一模一樣，先熔化然後轉成焦塊。它也是真絲。

▼ 紡得很精細的尼龍繩看起來、摸起來，都很像絲，但只要一燒就真相大白了。它會馬上熔化，往後拉出一顆顆熱燙液體形成的小球，一邊著火一邊往下滴。這些燃燒的火球從空中掉落時，發出的聲音還挺逗的，也可以依此診斷為合成纖維。（如果你在可燃的表面上做這件事，例如說在人工纖維地毯上，這些燃燒的火球也滿危險的。）

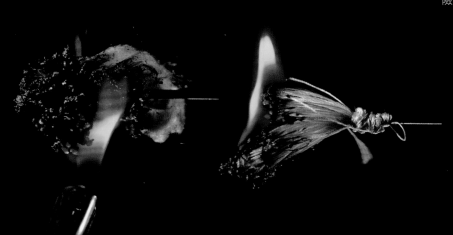

▼ 聚丙烯燃燒時和尼龍很像：幾乎一點火就開始有燃燒的小球往地上滴落。味道也很類似：不會搞錯的塑膠燃燒的酸味。尼龍和聚丙烯燒完都幾乎不留殘餘，這並不太讓人吃驚，想想它們都是碳氫化合物，在化學上和它的原料——石油，非常的相似。

▼ 人造纖維燃燒時會熔化，但也有例外。像這種克維拉纖維常用在抗熱手套上，因為它絕對不會熔化或燃燒，只會在一段時間後轉為黑色焦炭，但不像絲一開始會先熔化，燃燒一些。你能很容易從粗糙的觸感分辨出克維拉纖維，而且它用剪刀極難剪斷。

▼ 羊毛是毛，它燒起來就跟任何毛髮或絲一樣，燃燒的味道聞起來也像毛髮和絲。你不可能認錯那種味道的！

▼ 毛髮和羊毛燃燒時和絲很像。為了確定我拍的是正確的燃燒現象，這是另一個我找到的黃金參考標準：我女兒的頭髮。（你試過從少女身上偷拔頭髮嗎？這可不簡單，她們對此的防衛挺強的。）

火的試煉

▲ 買家小心了！這東西是當成真的麂皮來販售，但它燃燒的樣子明白顯示它就是合成聚合物。它是全然的假貨，可能是用某種聚胺甲酸酯塑膠製成的。

▲ 真正的皮帶和假貨看起來驚人相似，但真皮強韌許多，而且完全不易燃。

▶ 棉花燒得乾淨又美麗，幾乎不留任何灰燼。

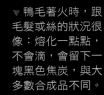

▼ 我切下一小條羊皮當成皮革燃燒的標準參考，我知道這塊皮是真的，因為上面還有羊毛。真正的皮革燒起來和毛髮很像，會剩下一塊黑色焦炭。

▼ 鴨毛著火時，跟毛髮或絲的狀況很像：熔化一點點，不會滴，會留下一塊黑色焦炭，與大多數合成品不同。

◀ 這個燃燒的「麂皮」所滴落的燃燒小球洩了密：它是合成的。

▶ 所有的植物纖維（包括麻和椰子），燃燒時都很類似木頭。這張圖燒的是麻繩。植物纖維跟棉花一樣，大部分都是植物纖維素。兩者主要的差別是，棉花是純的纖維素，麻纖維則大多是纖維素和木質素，而木頭還會有松香和油脂，有時會冒泡泡或引發不規則的驟燃。

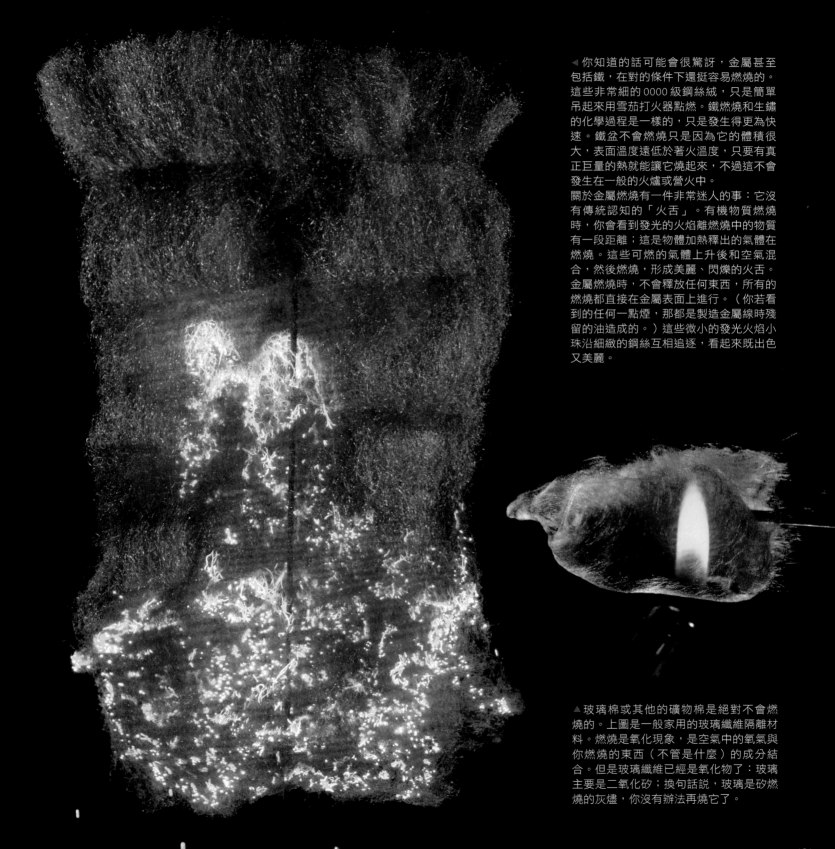

◀ 你知道的話可能會很驚訝，金屬甚至包括鐵，在對的條件下還挺容易燃燒的。這些非常細的 0000 級鋼絲絨，只是簡單吊起來用雪茄打火器點燃。鐵燃燒和生鏽的化學過程是一樣的，只是發生得更為快速。鐵盆不會燃燒只是因為它的體積很大，表面溫度遠低於著火溫度，只要有真正巨量的熱就能讓它燒起來，不過這不會發生在一般的火爐或營火中。

關於金屬燃燒有一件非常迷人的事：它沒有傳統認知的「火舌」。有機物質燃燒時，你會看到發光的火焰離燃燒中的物質有一段距離；這是物體加熱釋出的氣體在燃燒。這些可燃的氣體上升後和空氣混合，然後燃燒，形成美麗、閃爍的火舌。金屬燃燒時，不會釋放任何東西，所有的燃燒都直接在金屬表面上進行。（你若看到的任何一點煙，那都是製造金屬線時殘留的油造成的。）這些微小的發光火焰小珠沿細緻的鋼絲互相追逐，看起來既出色又美麗。

▲ 玻璃棉或其他的礦物棉是絕對不會燃燒的。上圖是一般家用的玻璃纖維隔離材料。燃燒是氧化現象，是空氣中的氧氣與你燃燒的東西（不管是什麼）的成分結合。但是玻璃纖維已經是氧化物了：玻璃主要是二氧化矽；換句話說，玻璃是矽燃燒的灰燼，你沒有辦法再燒它了。

動物
體內的
蛋白纖維

從動物身上擷取角蛋白通常不會危及動物的性命，除非你是要把整張皮連同毛髮都剝下來。但是動物還會製造一種不同種類的纖維蛋白質：膠原蛋白。這是形成皮膚、韌帶、肌腱，以及其他連接組織的蛋白。膠原蛋白最常見的運用實例就是皮革，用來製成大衣、鞋子、袋子、皮帶和其他一千種東西。

把動物肌腱當成纖維比較少見。目前尚有的肌腱纖維製造業，主要靠興趣支撐，因為如今已有品質較好的合成替代品。腸線是另一種膠原蛋白的連結組織，目前則還有一些用途。

◀ 皮革可以接成條狀，如此就能跟任何其他纖維一樣扭轉、編織或綁成辮子。這把充滿威脅感的皮革鞭子是用膠原蛋白纖維編織成的。

◀ 這東西讓人想起來有點毛骨悚然。不是有部電影在講一個戴皮面具的傢伙嗎？噢，對了，那是人皮。不過一樣可怕啦。

▼ 來自白尾鹿脊椎肌腱的肌腱纖維，用於加強的簡易型弓。

▲ 皮革的本事多到不可思議。我找不到牛皮做的牛或用馬皮做的馬，但找到了用牛皮做的馬。

▼ 膠原蛋白就跟角蛋白一樣都是蛋白質，不過兩者的胺基酸序列不同，所以整體的物理結構也不同。

▶ 腸線（catgut）並不是從貓（cat）身上來的！冷靜一點！它是從綿羊、山羊、牛、豬、馬、驢子等動物的腸子（gut）來的，而不是從貓身上取得的。連它的英文都跟貓無關。gut這部分是因為它是用腸子做的，但是cat的部分可能是從kit來的，kit是小提琴的古字。腸線從前用在弦樂器上，現在有時也還是。這些腸線做成的弦用於稱為塔爾琴的波斯樂器上。

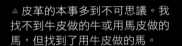

▲ 腸線現在當成縫線，用來把你想救活的動物肚子縫起來（但你為了得到腸線，宰掉了其他動物）。它的優點在於會由身體緩慢吸收，所以之後不需要拆線。

▲ 羊皮紙是非常薄的皮革：是以動物皮膚的膠原蛋白製成的書寫用品。它可以維持非常長的時間，許多中世紀的羊皮紙手稿都流傳了下來。這一張據說也來自中世紀，但我無從確定。

岩石棉

大部分的纖維都是有機化合物，但也有一些重要的無機物纖維：鋼線、鋼索，當然還有碳纖維與玻璃纖維。石棉是最美麗的天然纖維之一，但如今惡名昭彰（見第 226 頁），它曾因輕量、防火以及隔絕效果而享有盛名。無機纖維和我們之前談過的纖維都不同，它們通常不是由瘦長的分子構成的，也不見得是由許多單分子所構成。舉例來說，金屬纖維就只是長而薄的合金片，既沒有連接成個別的分子，其中的原子也沒有任何偏好的方向。玻璃纖維和岩石纖維也類似，外表雖然是瘦長的形狀，但內部是由數種原子組成的簡單分子所連接成的三維網格，並不是線形的長鏈。

無機纖維的性質遠不及有機纖維多樣，但它們才是真正可耐高溫的纖維，所以非常重要。而且無機纖維本質上永遠不會壞（在極端環境下除外），就像很多無機物的岩石來源那樣。

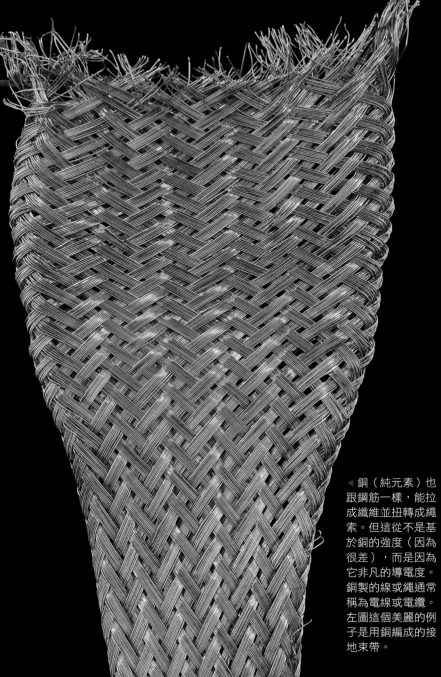

◀ 銅（純元素）也跟鋼筋一樣，能拉成纖維並扭轉成繩索。但這從不是基於銅的強度（因為很差），而是因為它非凡的導電度。銅製的線或繩通常稱為電線或電纜。左圖這個美麗的例子是用銅編成的接地束帶。

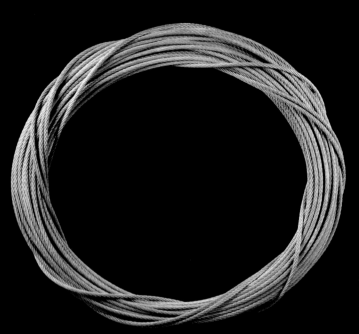

◀ 這是繩索界的強力典範，如果直徑再小一點，通常就稱為鋼索，它是高張力鋼（主要是鐵加入一點點的碳）。有些合成有機纖維，例如克維拉、超高分子量聚乙烯，和絲之類的天然纖維，與同重量的鋼比起來強度大多了，但是沒有一種材料能同時具備鋼纜的硬度、耐久度、強度和低成本。用在建築起重機、建物電梯、升高纜車時，鋼是纖維的首選。

岩石棉

▼ 鋼絲絨其實還滿像羊毛的，只是更刺。請看第131頁提到的，當你用火柴點燃鋼絲絨時會發生什麼令人意外的事情。

▶ 高嶺棉（Kaowool）這個牌子的陶瓷棉，是用高嶺黏土織成的。它用於燒窯、柴火爐、火爐等高溫隔離材料，取代從前使用的石棉。高嶺棉是把高嶺黏土熔化，再旋轉出纖維，類似做棉花糖的方法。

▶ 這些陶瓷棉是由矽酸鈣鎂製成的，它是高溫的陶瓷，跟高嶺棉一樣，用來隔離非常燙的物品。

▶ 這幾塊高嶺黏土熔化後可製成高嶺棉。

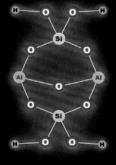

▶ 矽石（二氧化矽）

▲ 玻璃纖維有點像碳纖維：非常強壯，但在大多數用途中單獨使用會太脆。玻璃纖維常填充在環氧樹脂或其他塑膠樹脂內部，製成強壯又輕量的複合面板。

▶ 石棉

▲ 石棉是，或說曾是神奇的材料。它便宜、完全防火、可耐極高溫、強壯，又有多種用途。有什麼好不喜歡的？肺癌。請見第226頁有關石棉缺點的更多資訊。

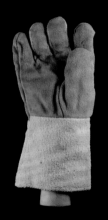

▲ 現在的耐熱工作手套通常是用克維拉製造或由玻璃纖維織成，裡頭有毛或棉隔離層。但是類似上圖這種的老式火爐手套，一定都是用石棉做的。

▲ Zetex 是一個玻璃纖維織品的牌子，它的纖維用來製作的耐高溫手套，比克維拉更耐熱，又不像石棉會致命。

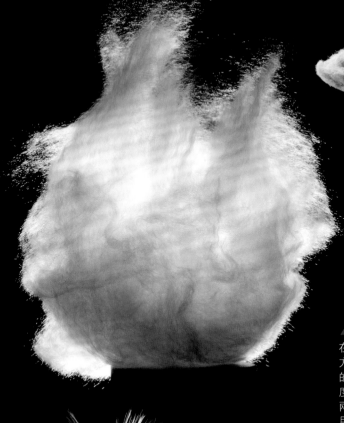

▶ 可愛的玻璃纖維品牌 Miraflex 是康寧公司多年前生產的。我整間房子都用它來隔熱，我喜歡它是因為它不會讓我發癢。它感覺起來超軟的，雖然老實說，最後我還是有點癢，不過程度跟一般玻璃纖維不可相提並論。不知為何他們不再生產這個商品了，如果有人知道為什麼的話，請告訴我。

▲ 在房屋裝修材料行，這種隔離材料會放在玻璃纖維隔離材料的旁邊，它們的安裝方式差不多相同。不過它是用玄武岩紡成的，而不是玻璃。比起玻璃纖維，它的密度更高，隔音效果更好，但除此之外，這兩者簡直像得不可思議。想想看，它可是用地基石做的啊。

▼ 這一些毛料是從熔化的玄武岩和白堊石紡成的，用於種子發芽的生長基材。

▲ 有非常多玻璃纖維是紡自鈉鈣玻璃，用在房屋、器具、商業大樓等的隔絕材料。玻璃纖維在很多方面都算是近乎完美的材料：它便宜、有效、不可燃、非常耐久，而且安裝簡單。唯一的真正缺點是：它對皮膚極為刺激。你可能會好奇，吸入玻璃纖維會不會如同吸入石棉一般，造成肺部疾病，不過實際上並不會。這不是因為玻璃纖維不比石棉尖銳，而是因為肺部的化學環境可使玻璃纖維溶解得較快，不像石棉會留在肺部很多年。

▲ 普通的玻璃纖維是用一般的玻璃做的，不過這種特級材料是用耐熱的硼矽玻璃做的，不用在隔離，而當成化學儀器中的過濾材料。

岩石棉

▶碳纖維類似石墨，幾乎完全是由排成六角形網格的碳原子構成的。但不像石墨的扁平層狀，這些六角形會形成長纖維。碳纖維擁有巨大的強度，但很脆，所以常會包覆在塑膠的基底中加以保護。飛機、運動器材、時髦的攝影三腳架中，使用的超輕質、強壯、堅硬的碳纖維複合物元件，就是這樣製造出來的。

▼碳纖維常用來為環氧類或聚苯乙烯類的有機樹脂提高強度與硬度，所以它們不見得需要很長。這些碳纖維一開始很長，但被故意切成大約半公分長的小段，當成加強用的纖維。玻璃纖維常因同樣的理由而切碎，用來製造跑車和船的玻璃纖維增強面板。

▶環氧樹脂中包覆的未切斷長條碳纖維，可以形成非常輕型且強而堅固的結構，例如本書攝影師擁有的這台很貴的腳踏車架。

維繫這一切的力量真的是靜電作用力嗎？

偶爾，通常是在飛機上，我會開始煩惱：這個裝載我的奇巧裝置也是由靜電作用力維繫的。維繫萬物，包含金屬、繩索、鏈、飛機等等所有東西的作用力，和你用衣服摩擦氣球後，氣球會黏在牆上的作用力是同一種。而氣球可沒有在牆上黏得很牢。

巨觀世界的物體擁有為數龐大的正電荷和負電荷（正電荷是它們的質子，而負電荷是電子），但幾乎所有的正負電荷都配得剛剛好，準確的彼此抵消。即使算起來很大筆的靜電荷，和帶電的物體本身（比方說，一顆氣球）原子中的電子數相比，都非常少量。如果你可以把一個物體中所有的質子和電子分開，它們之間的作用力會大到無法想像。就以 1 克的鐵為例好了。你可以用它來製造長度 1 公分直徑 0.4 公分的飛機鋼纜，

破壞強度大約是 1400 公斤，足以吊起邊長為 50 公分的鐵立方塊，或一輛小車。

但如果你能把那一小片鐵中所有的質子和電子分開，讓它們相離 1 公分，它們之間的吸引力足以吊起邊長 13 公里的鐵立方塊，或者一座大山。

靜電作用力是巨大的作用力。即使一丁點兒靜電作用力，都足以撐住一架飛機的外殼。

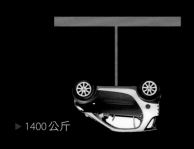

▶ 1400 公斤

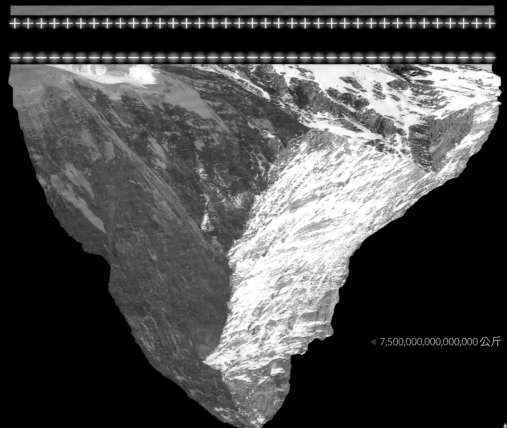

◀ 7,500,000,000,000,000 公斤

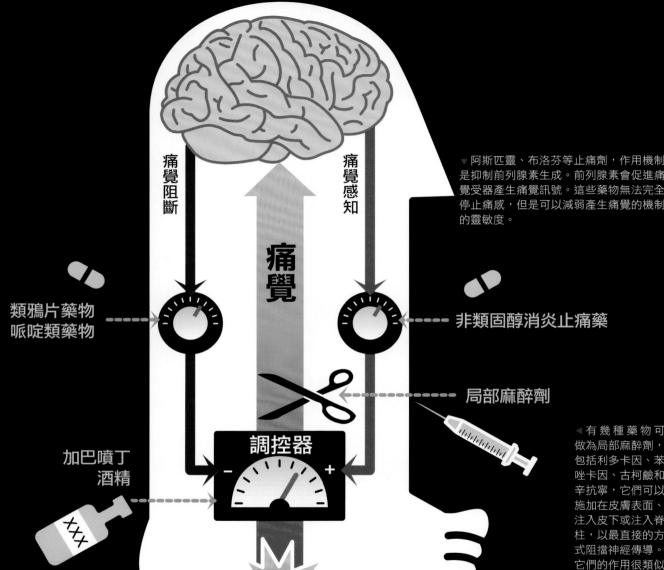

▶鴉片類藥物古柯鹼可以做為局部麻醉劑使用，但若擴散到整個大腦（經攝食或注射進入血液循環後），會引發非常不同的效果：增強多巴胺機制，讓它送出訊號抑制疼痛機制。

類鴉片藥物
哌啶類藥物

加巴噴丁
酒精

痛覺阻斷　痛覺感知

痛覺

局部麻醉劑

調控器

▼阿斯匹靈、布洛芬等止痛劑，作用機制是抑制前列腺素生成。前列腺素會促進痛覺受器產生痛覺訊號。這些藥物無法完全停止痛感，但是可以減弱產生痛覺的機制的靈敏度。

非類固醇消炎止痛藥

◀有幾種藥物可做為局部麻醉劑，包括利多卡因、苯唑卡因、古柯鹼和辛抗寧，它們可以施加在皮膚表面、注入皮下或注入脊柱，以最直接的方式阻擋神經傳導。它們的作用很類似把電話線切斷：只要沒有線路就沒有訊號，也就沒有痛覺。

▲加巴噴丁和酒精之類的止痛劑，會直接抑制產生痛覺的機制，

疼痛與愉悅

痛覺是只有當你正在感受時，才會去想的東西，而這也是當時你唯一想到的東西。去除痛覺的本能會趨使你的手從熱爐子上彈開來，或使你甘願砸下數十億美金在藥物研究計畫上，以研發出更好的止痛藥（意思是說，找尋更有效的分子）。

痛覺只是一種資訊。就像是從遠處就可以看到的閃燈，閃得愈快，痛感愈強。但是除非你的大腦察覺到它，否則這盞燈本身沒有任何力量，也沒有任何意義。只要有一張紙阻擋在你和這盞閃燈之間，無論它看似多強，你都看不到它，也不再感覺到痛了。痛覺沒有任何威力，在你的心智以外的世界，痛覺沒有任何真實性可言，雖然知道這件事也無法減少你正在受的苦，不過這確實表示，能停止痛覺的藥物不需要有很大的蠻力，只要夠聰明就好。

現今使用的許多止痛藥不是純化的天然植物萃取物，就是等同這些萃取物的合成藥物，也就是化學結構上類似這些天然物的合成化合物。

這並不是因為植物想要幫助我們，恰好相反，不少來自植物的有效藥物，原本都是植物用來自我防禦的毒藥，而也正因此而具有藥性。會阻擋神經傳導的物質，如果阻擋的是控制心臟的神經，就會殺了你，如果阻擋的是傷口和大腦之間的神經，就會麻痺手術的痛覺。所以尋找潛在藥物分子的田野科學家，發現毒性特高的新品種植物、昆蟲、蛙類、細菌或蕈類時，都很興奮。

柳樹皮

止痛劑的種類奇多無比，從效用弱到不如拿頭去撞牆，到強效到可以麻痺大象的都有。

雖非最強效或最古老，卻最廣泛使用的止痛劑，靈感來自柳樹皮。美國學童都學過印地安人會口嚼柳樹皮止痛，因為其中含有阿斯匹靈。柳樹皮的這種用途至少已有三千年的歷史，不過其實柳樹裡含的並不是阿斯匹靈，而是水楊素，這種化合物和阿斯匹靈藥錠中的活性成分很像，但毒性較高，止痛的效用也較差。

這件事說明了有關藥物的一件重要事項：如果你在大自然中找到一種藥物，不妨試試看它的其他幾種化學變體，因為說不定你找得到更好的。以這個例子來說，水楊素的人工修飾化合物：乙醯水楊酸，是更好的止痛劑選擇，而它就是現代的阿斯匹靈。

現在，阿斯匹靈的合成變體很常見，有些很相似，而有些差異還不小。這一些藥物統稱為 NSAID 藥物，意指「非類固醇類消炎止痛藥」（因為它們可以抑制發炎，但又不屬於類固醇）。其中包含了四種全世界藥局都買得到的非處方藥：阿斯匹靈、乙醯胺酚〔英國藥名叫撲息熱痛（paracetamol）〕、布洛芬和那普洛先鈉鹽。

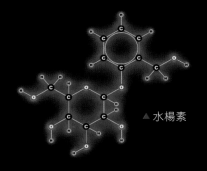

▲ 水楊素

▲ 幾千年來，各地的人都會使用削下的柳樹皮當止痛劑。其中的主要有效成分是水楊素，但植物體內的多酚類與黃酮類化合物，可能也有助益。

◀ 乙醯水楊酸就是阿斯匹靈，有幾十種品牌，但只有拜耳公司出品的才是最原始的牌子。阿斯匹靈最早由拜耳公司開始販售，拜耳公司是在1863年以製造合成的品紅染料起家的（見第202頁）。

▼ 乙醯水楊酸

◀ 海狸臀部的腺體可萃取出海狸香，是海狸用來標示領土的物質，其中也含有水楊素，就是柳樹中的止痛成分。雖然歷史上也有以海狸香當止痛劑的紀錄，但如今它的主要用途是在古龍水上。想了解更多人們喜歡或討厭的氣味，請見第11章。

▶ 阿斯匹靈對動物跟對人一樣有效。獸醫院也有粉狀（幾塊美金就可以買到好幾磅）或巨大的阿斯匹靈藥丸。（圖中所示的仍是給人用的阿斯匹靈錠，因為我找不到倉鼠用的阿斯匹靈錠。）

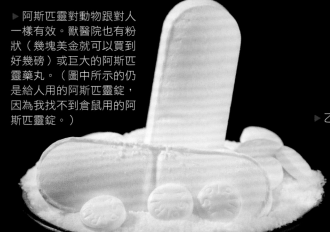

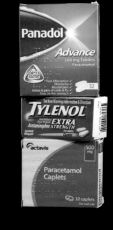

◀ 對乙醯基胺酚（para-acetylamino-phenol）在美國叫做acetaminophen，但是在英國卻是叫paracetamol，這兩個名稱都是從其完整化學名稱縮簡而來，差別只在於你選擇忽略哪些字母。這個化合物就跟阿斯匹靈一樣，有幾十種不同的商品名，例如美國的泰諾（Tylenol）和英國的普拿疼（Panadol）。

▶ 乙醯胺酚

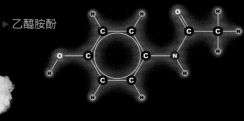

▼ 常見的止痛藥組合多到讓人頭暈目眩，有些含有咖啡因或抗組織胺，以增加功效。

▶ Motrin PM:
布洛芬、二苯胺明

▶ Equate PM:
乙醯胺酚、二苯胺明

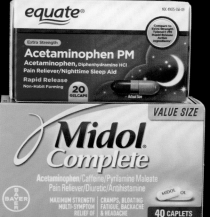

▶ Midol Complete:
乙醯胺酚、
咖啡因、
吡拉明馬來酸鹽

▶ Excedrin Migraine:
乙醯胺酚、咖啡因

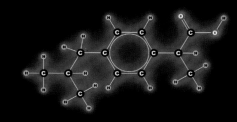

▲ 布洛芬：止痛劑

▼ 咖啡因：興奮劑，不過似乎可增強止痛劑效果

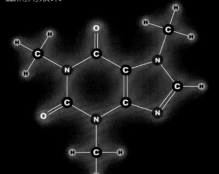

▶ 二苯胺明：抗組織胺，此處做為鎮定劑

◀ 乙醯胺酚：止痛劑

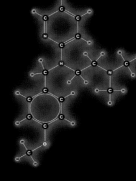

▲ 上方酸的順式與右方的胺，複合後成為吡拉明馬來酸鹽：抗組織胺，此處做為鎮定劑

◀ 左圖的那普洛先鈉鹽（Naproxen Sodium）是新的非處方止痛劑，擁有類似阿斯匹靈的酸類結構，但不是單苯環，而是優雅的雙環結構。

▼ 那普洛先：止痛劑

▲ 頭痛的時候來點咖啡因好像很奇怪，不過它似乎可以增強其他止痛劑的效果，至少對一些人有效。這個作用的機制目前還不清楚。

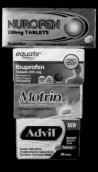

◀ 布洛芬(Ibuprofen)是弱的有機酸，類似阿斯匹靈，而且同樣擁有苯的六員環結構。但許多情況下，它做為止痛劑和消炎藥都比阿斯匹靈有效。

▶ 布洛芬：止痛劑

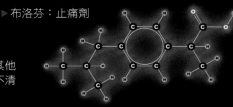

鴉片與相關化合物

叫人吃驚的是，今日全世界的醫院經常使用的一種極有效、威力極強的止痛劑，它也是最古老的止痛劑，甚至比柳樹皮還要早了幾千年。

鴉片萃取自鴉片罌粟的花，含有三種非常類似的化合物：嗎啡、可待因和蒂巴因。其中前兩種仍是常使用的現代醫藥，可見罌粟這種植物有多神奇。幾千年來，我們沒有抗生素或疫苗，但至少我們有一種非常非常好的止痛藥。

現在使用中的鴉片相關化合物非常多，其中幾種的效力比起鴉片的主成分嗎啡，強上幾千倍。（相較之下，阿斯匹靈止痛的效力不到嗎啡的幾百分之一。）每一種鴉片相關化合物都有獨特的優點：有些是長效型，可在體內留存數天，有些則是能從體內快速清除。

鴉片和它的衍生物會造成化學上的依賴性（成癮性），又加上它們能去除肉體與精神的痛苦，所以成為了危險的陷阱。無論是合法或違法的鴉片類藥物都經常遭濫用，所以即便病人承受很高的痛楚，醫生還是很不願意開這種處方。不幸的是，一旦處方停止後，已經對這些合法藥物成癮的病人，可能就會轉向街頭的海洛因，那是另一種危險又常受汙染的嗎啡合成變體。

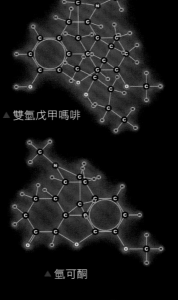

▲ 雙氫戊甲嗎啡

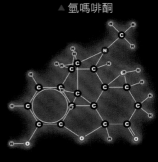

▲ 氫嗎啡酮

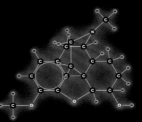

▲ 氫可酮

▲ 氧嗎啡酮

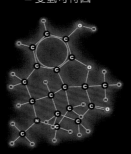

▲ 雙氫可待因

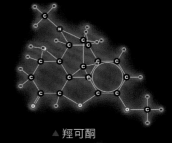

▲ 羥可酮

▲ 甲基二氫嗎啡酮

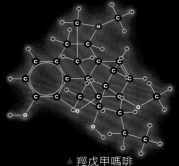

▲ 羥戊甲嗎啡

▶ 這一頁的化合物中，天然和合成的都有，全都含有如同嗎啡的四環結構，也都是強力的止痛劑。右邊這三個：嗎啡、可待因和蒂巴因，合起來就是鴉片罌粟的天然汁液成分。

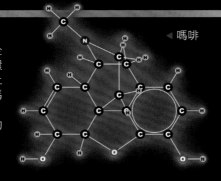

◀ 嗎啡

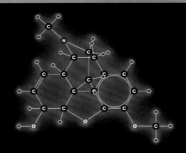

▲ 可待因

▲ 蒂巴因

◀ 罌粟果的汁液含
有非常高濃度的嗎
啡、可待因和蒂巴
因。

鴉片與相關化合物

▶ 如果你在這個長寬高各約10公分的箱子裡裝滿鴉片，那就會是……很多的鴉片。雖然這種箱子在古董店俗稱為「鴉片箱」，不過更可能是裝菸草用的。

▶ 鴉片在中國與整個東方世界流通了數千年。如右圖所示，這種小提琴形狀的精準「鴉片秤」，是用來秤量非常少量的珍貴鴉片。

▲ 二十世紀初期製造的鴉片盒，有些形狀有如硬幣，有時還真騙得到人。這個新奇的盒子據說是1906年製的。

▶ 維可汀（vicodin）是一個止痛劑品牌，成分是乙醯胺酚加上合成鴉片劑氫可酮，具有成癮性且有誘惑力，所以只能憑處方籤取得。像右圖這類的藥丸在黑市廣為流通，除了造成濫用，也讓無法合法取得這種藥物的人可以止痛。（藥丸表面的紅斑點是製造商刻意加上的，以清楚無誤的標示這些藥丸含有氫可酮成分。）

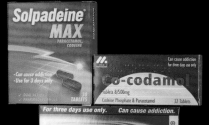

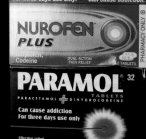

◀ 在美國，可待因（codeine）是醫師處方藥，但其他國家的規定不同。例如在英國，內含可待因的配方只要經藥師同意就可取得。所以如果你要的量不是很多，就可以隨便走進一家藥局購買。

▶ 嗎啡過去是現在也仍是戰場上重要的安撫藥劑。這個嗎啡自我注射器是二戰時用的，上面的指示說明了，如何把小針安裝於注射針頭。

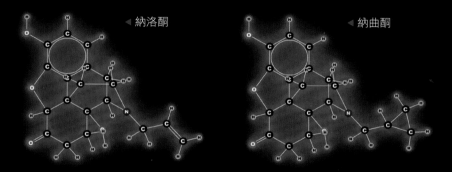

◀ 納洛酮　　　　　　　　　　◀ 納曲酮

◀ 納洛芬

▶ 這些化合物以化學結構來說，幾乎和嗎啡與其近親化合物難以區分。但是它們其實是鴉片拮抗劑，會封鎖體內鴉片作用的生理途徑，抵消鴉片與其衍生物的效果。意思是說，它們可以做為嗎啡攝取過量的解毒劑，以及用來協助戒斷鴉片或海洛因成癮。

▶ 攝取一顆小小的嗎啡藥丸，就能強效解除痛覺。但它也同樣容易讓人上癮。

▶ 海洛因是鴉片家族中的敗家子，主要都是非法使用，和其他鴉片類藥物相比，只有非常少的醫學效用，而醫用時稱為「二醋嗎啡」。

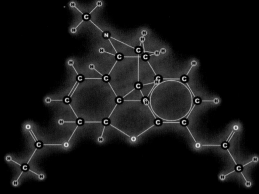

▼ 納洛酮（Naloxone）是注射用藥。雖然分子長得很像鴉片，卻不受高度管制，因為它沒有濫用的潛在風險。它用於治療鴉片攝取過量，因為它會逆轉這些藥物的許多效果。

▶ 海洛因中的純化學成分是二乙醯嗎啡，應該要是白色的！圖中顯示的是非法的海洛因，上面的顏色是雜質，可能包括了數量未知的迷幻成分。這類街頭毒品非常非常危險。

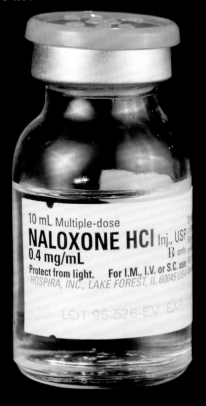

10 mL Multiple-dose
NALOXONE HCl Inj., USP
0.4 mg/mL
Protect from light. For I.M., I.V. or S.C. use
HOSPIRA, INC., LAKE FOREST, IL 60045 USA
LOT 95-526-EV EXP

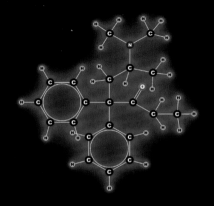

◀ 美沙酮的化學結構和鴉片類止痛劑都不像，它含有非常不同的化學鍵結構，但碰巧整體的形狀很相似，所以和嗎啡、海洛因等其他鴉片類藥物一樣，可以和同一個神經系統的化學受器結合，並阻斷其功能。

▶ 美沙酮用於治療海洛因戒斷症，在人體內是長效型藥物。它會與體內的鴉片受器結合，足量的美沙酮可以阻斷所有海洛因的預期效應。

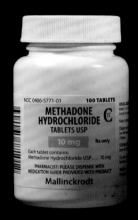

NDC 0406-5771-01　100 TABLETS
METHADONE
HYDROCHLORIDE
TABLETS USP
10 mg　Rx only
Each tablet contains:
Methadone Hydrochloride USP．．．．10 mg
PHARMACIST: PLEASE DISPENSE WITH
MEDICATION GUIDE PROVIDED WITH PRODUCT
Mallinckrodt

胡椒的威力

雖然來自鴉片罌粟的藥物很有威力，但止痛劑中最有效的一類，卻是來自截然不同的植物：生產胡椒粉和胡椒籽的植物。

黑胡椒籽的強烈味道來自胡椒鹼分子，它包含一部分非常少見又難以製造的結構：由五個碳和一個氮組成的六員環。這個單元單獨存在時稱為哌啶，是一些威力最強的毒藥、止痛劑、刺激劑的基本構造。

止痛劑和毒藥經常密切相關。作用於中樞神經系統的止痛劑，使用過量時會有致命的危險，因為它要發揮功能，必須把這個重要的傳輸系統關閉一部分。除了降低痛覺，它們同時也會使心跳和呼吸變慢，有低到一去不復返的風險。

止痛劑也和會帶來強烈痛覺或癢感的化合物同屬近親。因為這兩種物質都對神經有作用，有時只要在分子上做一個小小的改變，對神經的效果就會從抑制轉為刺激。有時同一個分子既能造成痛覺也會解除痛覺，端看它用在哪裡，用多少劑量。

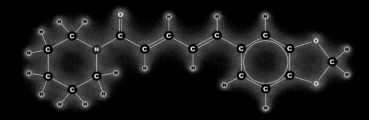

▲ 胡椒鹼分子是黑胡椒籽強烈味道的來源。雖然它和許多止痛劑有關，但本身倒是沒有這種效果，它只是有一種非常非常強烈的味道。

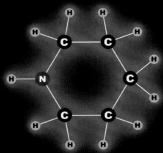

◀ 哌啶是一個簡單的六員環，其中五個原子是碳，剩下一個是氮。環狀結構在化學上相對來說較難合成，所以要製造含有這種特定環狀結構的分子，最簡單的方法常是從已經含有此結構的東西開始，因此哌啶經常當成合成的「前驅物」，也就是起始物。

▼ 黑胡椒籽磨粉純化後，可做為純胡椒鹼的來源。類似許多其他的例子，純化合物從天然物中提煉出來後，產物常都是白色粉末狀。白色粉末滿天飛啊！這其實有個好理由，因為對化合物來說，顏色是不常見的性質，只有當分子具有特定種類的鍵結結構時，才會出現顏色（見第12章）。

▶ 毒芹含有的毒素是毒芹鹼，它是一個非常簡單的哌啶衍生物：在哌啶環上接上三個碳原子。這種毒藥很有名，正是兩千四百年前蘇格拉底被判死刑時所服用的藥。蘇格拉底因不承認官方的神祇而遭定罪，而且一如往常，神職人員與政客本有的力量只有空洞的說詞，他們的骯髒勾當還得藉植物學家的知識來執行。

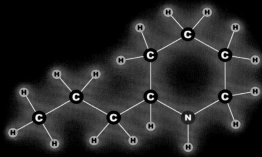

▼ 1-（1-苯基環己基）哌啶，也寫成苯環己哌啶或稱為天使塵。哌啶是合成苯環己哌啶的前驅物，這說明了為什麼哌啶本身是管制化合物。

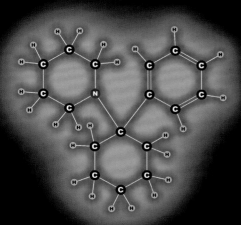

▲ 苯環己哌啶

▶ 火蟻很討厭，牠們會產生火蟻素，又會蛀蝕大樓、電線等有用的東西。而攜帶火蟻是違法的，更不用說把牠們引入原先沒有蟻害的地區。所以我們用這張美麗的金屬火蟻模型代替實物拍照。

▼ 火蟻素是另一種哌啶衍生物，正是遭火蟻叮咬時讓人無比疼痛的物質。

▲ 火蟻素

▶ 防身噴霧（pepper spray）的英文名裡雖然有胡椒（pepper）但其中的有效刺激物卻不是哌啶衍生物，而是辣椒鹼，這是相當不同的分子，來自於辣椒而不是含有哌啶的黑胡椒籽。

▶ 有名的毒芹葉，含有有毒的毒芹鹼。

▲ 辣椒鹼

▶ 防身噴霧罐的巧妙之一是，其中使用的辣椒鹼化合物，會讓你要對付的傢伙痛到失去行動力，但辣椒鹼塗抹在皮膚上時竟也有止痛的功效。圖中這種含辣椒鹼的油膏剛使用時會感到很「熱」，因為辣椒鹼會刺激神經。但這種感覺一陣子後會消失，痛覺也會解除，因為神經已經被強烈的辣椒鹼刺激到麻痺了。

胡椒的威力

▶ 哌啶相關的止痛劑五花八門,有的是給人用的,有的是給動物使用的,各有優缺點。威力最強的那幾種通常是用在大型動物上。

▶ 配西汀

◀ 阿尼利定

▶ 舒芬太尼

▲ α-普洛丁

▶ 瑞吩坦尼

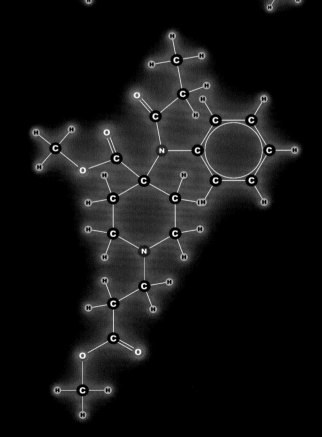

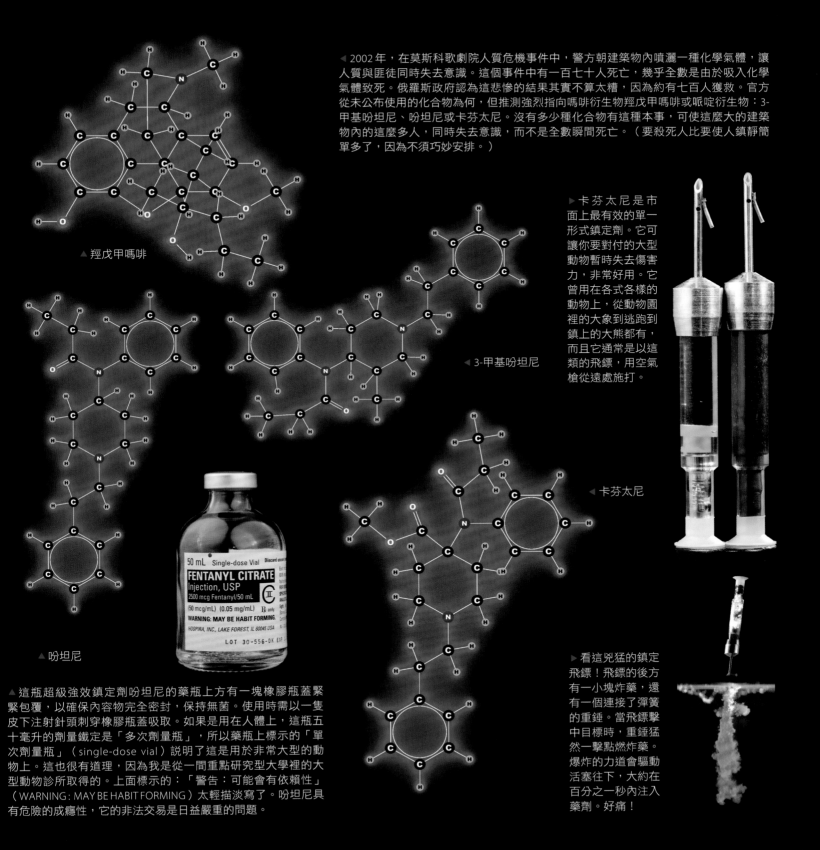

2002年，在莫斯科歌劇院人質危機事件中，警方朝建築物內噴灑一種化學氣體，讓人質與匪徒同時失去意識。這個事件中有一百七十人死亡，幾乎全數是由於吸入化學氣體致死。俄羅斯政府認為這悲慘的結果其實不算太糟，因為約有七百人獲救。官方從未公布使用的化合物為何，但推測強烈指向嗎啡衍生物羥戊甲嗎啡或哌啶衍生物：3-甲基吩坦尼、吩坦尼或卡芬太尼。沒有多少種化合物有這種本事，可使這麼大的建築物內的這麼多人，同時失去意識，而不是全數瞬間死亡。（要殺死人比要使人鎮靜簡單多了，因為不須巧妙安排。）

▲ 羥戊甲嗎啡

◀ 3-甲基吩坦尼

▶ 卡芬太尼是市面上最有效的單一形式鎮定劑。它可讓你要對付的大型動物暫時失去傷害力，非常好用。它曾用在各式各樣的動物上，從動物園裡的大象到逃跑到鎮上的大熊都有，而且它通常是以這類的飛鏢，用空氣槍從遠處施打。

◀ 卡芬太尼

50 mL Single-dose Vial   Discard unused ...

FENTANYL CITRATE
Injection, USP
2500 mcg Fentanyl/50 mL
(50 mcg/mL) (0.05 mg/mL) ℞ only
WARNING: MAY BE HABIT FORMING.
HOSPIRA, INC., LAKE FOREST, IL 60045 USA
LOT 30-556-DK EXP

▲ 吩坦尼

▲ 這瓶超級強效鎮定劑吩坦尼的藥瓶上方有一塊橡膠瓶蓋緊緊包覆，以確保內容物完全密封，保持無菌。使用時需以一隻皮下注射針頭刺穿橡膠瓶蓋吸取。如果是用在人體上，這瓶五十毫升的劑量鐵定是「多次劑量瓶」，所以藥瓶上標示的「單次劑量瓶」（single-dose vial）説明了這是用於非常大型的動物上。這也很有道理，因為我是從一間重點研究型大學裡的大型動物診所取得的。上面標示的：「警告：可能會有依賴性」（WARNING：MAY BE HABIT FORMING）太輕描淡寫了。吩坦尼具有危險的成癮性，它的非法交易是日益嚴重的問題。

▶ 看這兇猛的鎮定飛鏢！飛鏢的後方有一小塊炸藥，還有一個連接了彈簧的重錘。當飛鏢擊中目標時，重錘猛然一擊點燃炸藥。爆炸的力道會驅動活塞往下，大約在百分之一秒內注入藥劑。好痛！

古柯鹼的使用與濫用

古柯鹼摧毀了無數的生命，也讓許多社區飽受折磨。但歷史上有很長一段時間，都把古柯鹼視為有用的藥物。印加帝國的人民嚼食古柯葉（古柯鹼的主要來源）來提高活力。著名的心理分析師佛洛伊德自己服用古柯鹼，也推薦他的病患使用。可口可樂（Coca-Cola）早期做為能量飲料時會受歡迎，毫無疑問是因為它含有古柯鹼，正如它的英文名字所暗示的（可口可樂自1903年起去除古柯鹼成分）。直到今天，古柯鹼還是普遍且廣泛使用的局部麻醉劑（意思是外用於皮膚表面，而不是內服）。牙醫使用它來麻痺你的牙齦（一點效果都沒有），然後才插進那根好長好長的針頭。有趣的是，牙醫用古柯鹼列出的副作用之一是「不尋常的安樂感」，但我看牙醫時從來沒有這種問題！

古柯鹼就跟所有其他的化合物一樣，沒有任何意圖或目的，它究竟是良善還是邪惡，取決於周遭的人們。

▶ 含有古柯鹼的古柯葉粉茶包，在南美洲可以輕易取得。

◀ 嚼食乾燥古柯葉，或用它泡茶招待觀光客，在南美洲已有千年的歷史了。這些樹葉因為有古柯鹼成分，在世界上大多數國家都是違禁品。

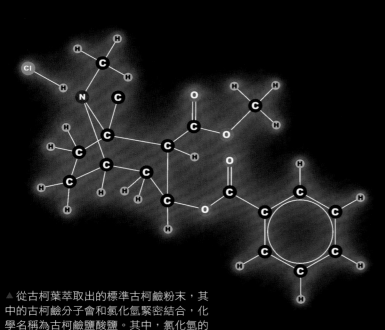

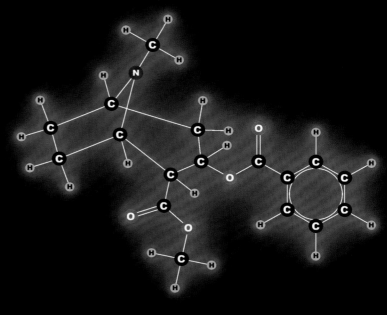

▲ 從古柯葉萃取出的標準古柯鹼粉末，其中的古柯鹼分子會和氯化氫緊密結合，化學名稱為古柯鹼鹽酸鹽。其中，氯化氫的氫離子會連接在古柯鹼分子具弱鹼性的部位，而氯離子則會在附近某處。古柯鹼鹽酸鹽具有高熔點和低蒸氣壓。

▲ 俗稱「快克」或「游離鹽基」的純古柯鹼不含連接的鹽酸分子。這種形式的古柯鹼熔點低，而且在遠低於分解溫度下的蒸氣壓也很高。

▲ 磨成細粉的古柯鹼鹽酸鹽。

▶ 晶體狀的快克古柯鹼是純古柯鹼，不是古柯鹼鹽酸鹽（粉狀的古柯鹼）。

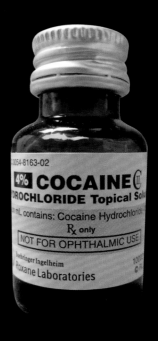

▲ 古柯鹼鹽酸鹽因醫療目的使用在牙床、鼻腔或喉嚨上時，麻痺這些區域的效果好到要小心病人咬掉自己的舌頭。通常是把它溶於水中，以棉花棒塗抹於患處。

古柯鹼的使用與濫用

▼ 這三種極為常見的止痛劑：利多卡因、苯唑卡因和奴佛卡因，名字聽起來都很像是古柯鹼衍生物。但其實它們的化學結構截然不同，完全不含古柯鹼的獨特多環結構。它們就跟古柯鹼一樣，都是局部麻醉劑，也和古柯鹼一樣使用於牙醫治療與小型手術。不同於古柯鹼的是，它們遭濫用的風險很低，所以是不受限制的非處方藥。

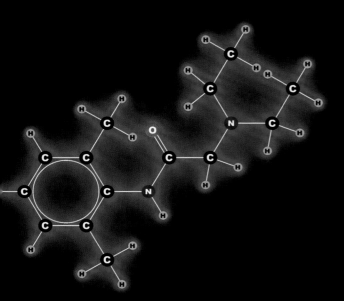

◄ 利多卡因 ▲

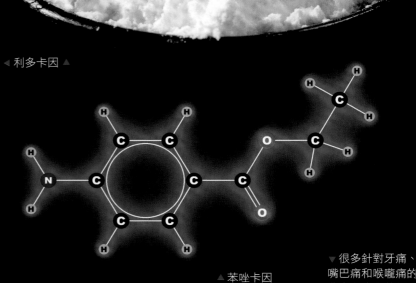

▲ 苯唑卡因

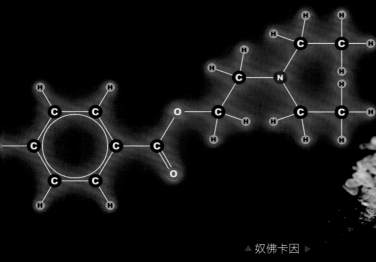

▲ 奴佛卡因 ►

▼ 很多針對牙痛、嘴巴痛和喉嚨痛的非處方止痛藥都含有苯唑卡因成分。

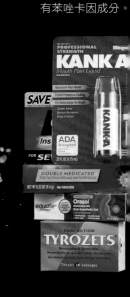

尋到的化學

奇怪的止痛劑

痛覺是如此奇特且主觀的感受，所以也許我們毋須驚訝，有些奇怪的化合物也有止痛劑的功效。還有一個理由是，人體處理痛覺的部位很多，因此具有止痛潛力的化合物種類很廣泛。大多數的止痛劑都相當簡單（大多數的藥物亦然），由大小合理的分子組成，可能最多只有幾十個到一百個左右的原子，而且具有苯環之類的堅固結構。主要的原因不是因為這類分子的生物效果比較好，而是因為這種分子在胃中可以存活得夠久，得以進入血液循環。這當然是任何口服藥物的先決條件。

舉例來說，某些蛋白質可能可以做為很好的止痛劑，但是「蛋白質」對胃來說等同於「食物」，所以會快速消化。因此，蛋白質藥物通常只能採取注射或吸入的方式。儘管如此，有些最有希望的新一代止痛劑卻是蛋白質，來源也令人意想不到。

▲ 加巴噴丁的品牌名稱為「鎮頑癲」（Neurontin），不屬於我們之前討論的任何一種止痛劑種類。它是設計來模仿大腦中的一種神經傳導物質γ-胺基丁酸（簡稱GABA），所以和GABA的結構有一點相似。在一般情況下，加巴噴丁是用來舒緩神經痛，但在監獄裡它常用來取代可待因。這是因為加巴噴丁沒有任何造成濫用的可能，它不但不會給人愉快的感受，反而會讓人不舒服，只是沒有任何真正的傷害。

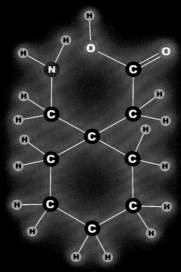

▲ 加巴噴丁

▼ γ-胺基丁酸

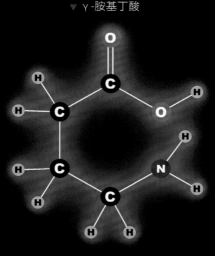

辛抗寧的藥物品牌名稱為Prialt，這是合成的小型芋螺毒素。施用時直接注射入脊髓液，而且只用來減緩最嚴重、最持久的痛覺。

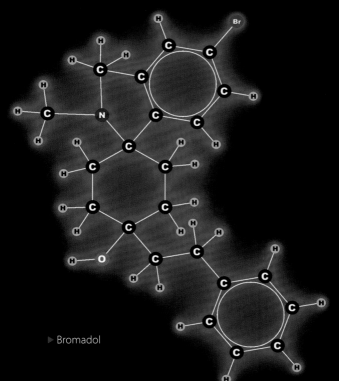

▶ Bromadol

◀ Bromadol跟任何止痛劑都不像，目前也不清楚它是否是有用的人體藥物。但犯罪集團還是試圖把它當成麻醉劑販售。

奇怪的止痛劑

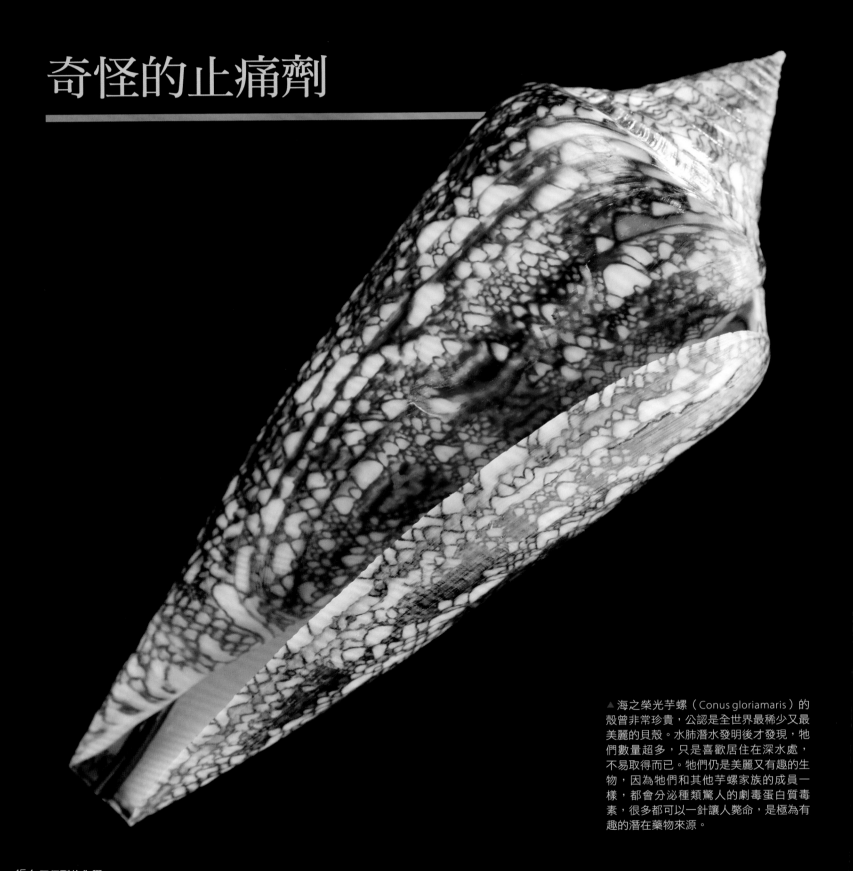

▲ 海之榮光芋螺（Conus gloriamaris）的殼曾非常珍貴，公認是全世界最稀少又最美麗的貝殼。水肺潛水發明後才發現，牠們數量超多，只是喜歡居住在深水處，不易取得而已。牠們仍是美麗又有趣的生物，因為牠們和其他芋螺家族的成員一樣，都會分泌種類驚人的劇毒蛋白質毒素，很多都可以一針讓人斃命，是極為有趣的潛在藥物來源。

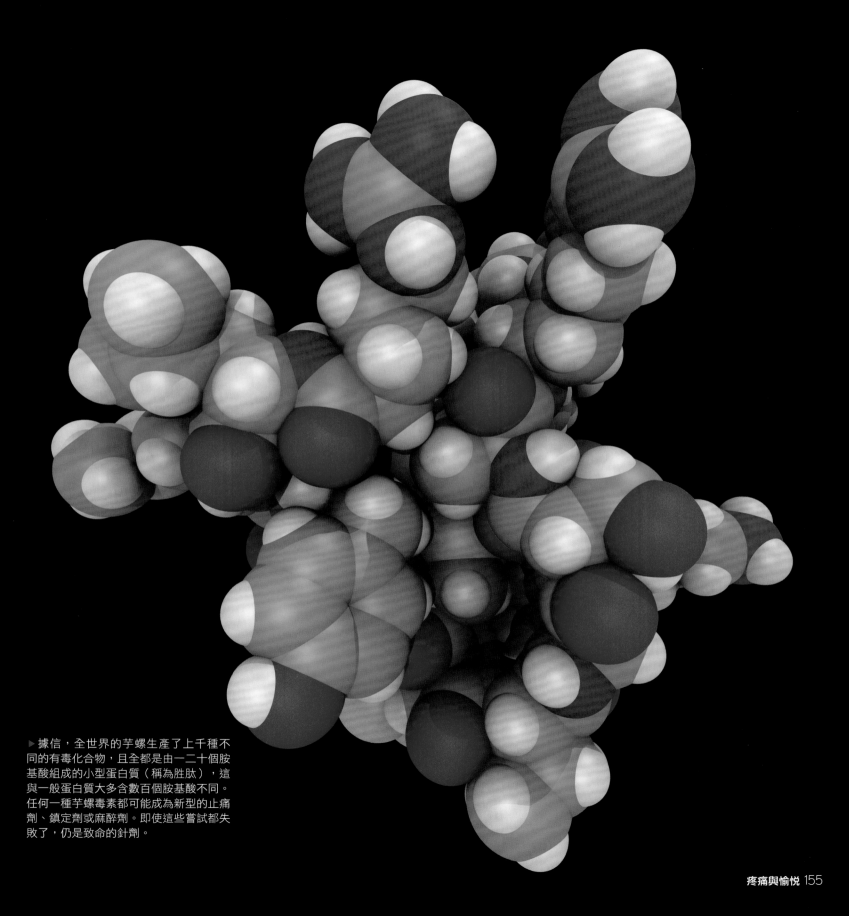

▶據信，全世界的芋螺生產了上千種不同的有毒化合物，且全都是由一二十個胺基酸組成的小型蛋白質（稱為胜肽），這與一般蛋白質大多含數百個胺基酸不同。任何一種芋螺毒素都可能成為新型的止痛劑、鎮定劑或麻醉劑。即使這些嘗試都失敗了，仍是致命的針劑。

甜還要更甜

很多分子都可以讓食物嘗起來有甜味，不幸的是，我們通常都會濫用最喜歡的那一種。常見的食用糖（蔗糖）和結構接近的葡萄糖與果糖，食用過量時都有毒性，會造成糖尿病、心臟病、牙病、黃斑部退化、周邊神經病變、腎臟病、高血壓，還有中風。如果它們是人工合成的，早就全遭禁用了。

比較健康的替代品是高強度的天然或合成甜味劑，其中許多種的甜度都高到不可思議，只要添加微量就夠了。兩個最大的問題是，很多人不喜歡它們的獨特口味，或是害怕會引發腦癌（儘管連嫌疑最高的人工甜味劑，在對人體的傷害上都遠遠不及任何天然的糖）。低熱量的糖醇化合物味道比較接近蔗糖，只是偶爾會造成腸胃不適。

全世界每年主動熱情的消耗掉幾千萬噸的糖醇，證明了我們有多渴望這些驚奇、抑或有點邪惡的分子，帶來的甜滋滋的好味道。

▲ 果糖　　　　　　　　　　　▲ 葡萄糖　　　　　　　　　　▲ 半乳糖

◀ 這三種天然簡單
糖分子是果糖*、
葡萄糖和比較少見
的半乳糖，統稱為
單醣。你從它們的
結構可以看出，它
們非常相似。事實
上，葡萄糖和半乳
糖相像到以二維結
構無法顯示出差
別。它們的鍵結結
構是相同的，唯一
的差別只在某些鍵
指向的方向（也就
是所謂的立體化
學）。儘管如此，
半乳糖的甜度大
約只有葡萄糖的一
半。味覺是對分子
的形狀與化學性質
非常非常敏感的偵
測器。

*譯注：此處呈現的
是六員環的果糖型
式，一般也常以五
員環型式呈現，方
便和葡萄糖區分。

▲ 西洋梨具有比較高的果糖對葡萄糖比例，大約是三比一，而大多數水果是一比一。果糖嘗起來的甜度大約是葡萄糖的1.7倍。（意思是說，受試者中半數可察覺的最低果糖水溶液濃度，比起葡萄糖要低得多。）

▲ 葡萄糖在它的天然物來源中，從不是單獨存在的，它通常會和果糖結合。它最早是從葡萄乾中分離出純物質的形式，而葡萄乾就跟大多數水果一樣，具有葡萄糖和果糖的混合物。（以葡萄乾來說，比例大約是一比一，而葡萄乾當然就是乾燥的葡萄。）

▲ 半乳糖可能是最少人知道的單醣，正巧半乳糖含量最高的天然食物，也不會是你第一個想到的甜味食物：西洋芹。

雙倍糖

常見的食用糖不是我們剛看過的那幾種簡單的糖分子，而是由一分子的葡萄糖和一分子的果糖（兩個單醣）相連而成，稱為雙醣。牛奶中的糖是乳糖，它是一個葡萄糖和一個半乳糖的組合。在發芽穀粒中出現的麥芽糖，是兩個葡萄糖單元組合而成的。大自然和人類的工廠中，還有更多其他種變化，取決於拿哪幾種簡單糖、取幾

個、以什麼分子部位互相連接。每一種組合都有獨特的化學結構、味道，以及健康效益。

人工甜味劑工業的一大部分工作，說穿了就是把這些糖互相轉換。舉例來說，要製造高果糖玉米糖漿，需要把麥芽糖的兩個葡萄糖單元分開來，然後把其中一些葡萄糖轉換成果糖，成為果糖和葡萄糖的混合物。（很多水

果和蜂蜜中都有幾乎一樣的混合物，但是從玉米製造的成本比較低。）

你看到食品的成分清單時要記得，裡頭的糖從哪裡來的並不重要。每一個成分，無論是從甘蔗糖、龍舌蘭糖漿、蜂蜜、高果糖玉米糖漿、麥芽糊精或甚至澱粉這類非糖的物質，都可以轉換成特定的簡單糖。單醣的比例和糖的總量才決定了食物對健康的影響。特定的甜味劑可能會增添美味或顏色，但說到營養或健康，只有它含的單醣比例和總量，才會造成差別。

▼ 蔗糖是常見的食用糖，有許多可愛的形式與顏色，雖然顆粒尺寸和所含的雜質，可能會造成味道與口感上的戲劇性差異，但每一種在營養層面上都相同。所有的糖一開始時都是棕色的，我們使用的白糖是把棕糖中的糖蜜移除而得的。

蔗糖

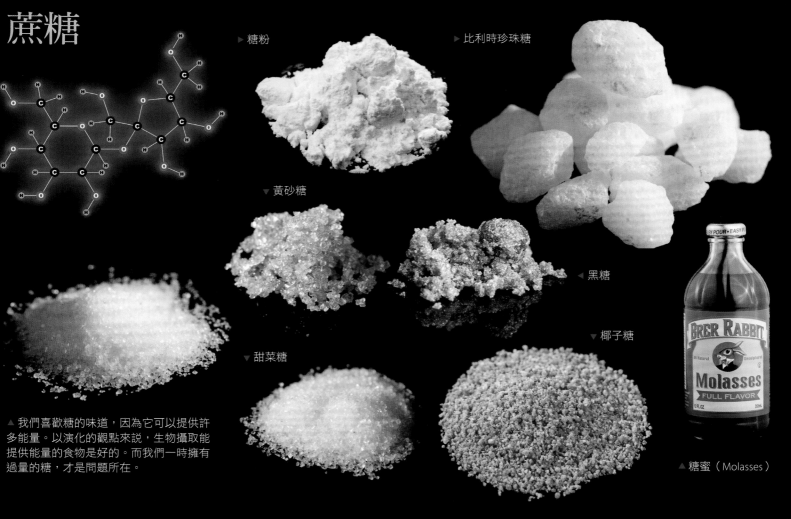

▶ 糖粉

▶ 比利時珍珠糖

▼ 黃砂糖

◀ 黑糖

▶ 椰子糖

▼ 甜菜糖

BRER RABBIT
Molasses
FULL FLAVOR

▲ 糖蜜（Molasses）

▲ 我們喜歡糖的味道，因為它可以提供許多能量。以演化的觀點來說，生物攝取能提供能量的食物是好的。而我們一時擁有過量的糖，才是問題所在。

蔗糖

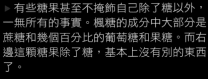

▶ 有些糖果甚至不掩飾自己除了糖以外，一無所有的事實。楓糖的成分中大部分是蔗糖和幾個百分比的葡萄糖和果糖。而右邊這顆糖果除了糖，基本上沒有別的東西了。

▶ 這種棕櫚糖球是當做糖的原料來販售，不是直接用來吃的。

▼ 石蜜（Jaggery）是印度一種未經精製的糖。來源有數種，包括甘蔗、棕櫚或椰棗。成分除了糖，還有精緻後才會移除的蛋白質和植物纖維。

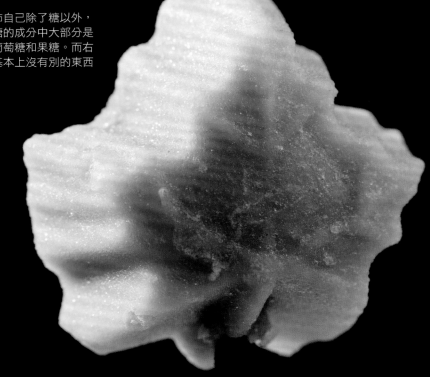

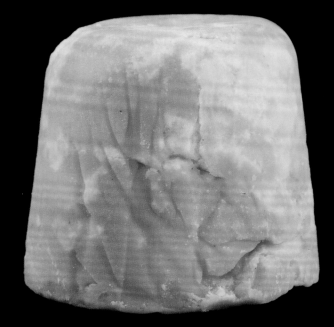

▼ 蔗糖來自甘蔗，甘蔗其實是一種草（非常非常大顆的草）。你可以買新鮮的甘蔗當零食來啃（不過這跟製糖用的甘蔗並不同）。

▶ 甘蔗以外的第二大蔗糖來源是糖用甜菜。這種製糖的甜菜比超市中看到的甜菜大顆多了，而且它的表皮是白色的。

▶ 舊時的蔗糖小包裝，方便直接進入血液循環。

▼ 甜菜紅素

▼ 甜菜的奇妙之處是，它們都有強烈的顏色，意味著我們終於有點不是白色的東西可以拍照了！這堆粗製甜菜萃取物的顏色來自於甜菜紅素色素家族，這裡畫的是其中兩個成員：甜菜紅素和甜菜黃素。一點點的色素就會有很濃的顏色，所以這堆粉末基本上是純的蔗糖、一點點纖維素和非常少量的色素。

◄ 甜菜黃素

乳糖

▼ 牛奶的糖：乳糖，是葡萄糖和半乳糖的結合。

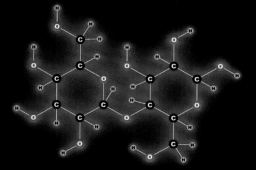

▲ 一般人平常不會使用純乳糖，但要買也有，純乳糖看起來很像蔗糖。

▶ 乳糖在鮮奶當中大約占重量的百分之五（把鮮奶裡極大比例的水分移除後，則占了一半左右）。鮮奶喝起來不會很甜，因為和蔗糖相比，乳糖的甜度大約只有七分之一。

▲ 成人消化乳糖的能力，來自於大約一萬年前出現的人類基因突變，至今全世界大約只有三分之一的人擁有這個基因（但在某些區域比例較高）。沒有此突變的人，過了幼年期就會對鮮奶消化不良，所以坊間有賣這種分解乳糖所需的酵素藥丸，讓基因「正常」的人也能享受鮮奶和冰淇淋。

麥芽糖

▼ 麥芽糖來自於發芽的穀粒，由兩個葡萄糖單元結合而成。

▶ 純的麥芽糖就跟蔗糖和乳糖一樣，也是白色的粉末。但通常你買到的麥芽糖，都是非常非常非常濃稠的糖漿（在冰箱裡硬得跟石頭一樣）。這種東西含有七成的麥芽糖，因為不是白色的，表示它不是純物質。

▶ 發芽穀粒（圖中的是玉米）是把穀物種子催芽，然後停在這個階段。發芽穀粒含有很高比例的麥芽糖，滿好吃的。發芽玉米粒的粉狀萃取物中含的糖也用來釀造發酵（這是指利用酵母菌會把糖轉換為醇，以製造啤酒或其他飲料，或者做為燃料的過程）。

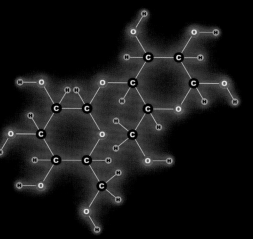

◀ 麥芽糖來自發芽玉米，而玉米糖漿的成分幾乎完全是麥芽糖，除非加工製成高果糖玉米糖漿，那就變成截然不同的物質了，我們稍後會談。

其他混合糖

▼麥芽三糖是常見於各類食物標籤上的麥芽糊精中最簡單的例子。麥芽糖含兩個葡萄糖單元，麥芽三糖含有三個葡萄糖單元，其他麥芽糊精不過是含有更多以同樣方式連接的葡萄糖單元，最多可以到二十個（再更多的話就稱為澱粉）。底下這堆是市售的麥芽糊精粉末。

▶高果糖玉米糖漿的用途非常非常廣泛，特別是在美國，由於課稅和農業政策的因素，使得它比蔗糖便宜。它的主要成分是一半果糖和一半葡萄糖。若想買少量（少於一個火車車廂）的純高果糖玉米糖漿還不容易。不過沒關係，因為市售的鬆餅糖漿幾乎全是高果糖玉米糖漿。它們的包裝上會標示「低卡」，因為以相同甜度而言，它們含有的熱量小於蔗糖糖漿。

◀蜂蜜跟高果糖玉米糖漿一樣，都含有大約五十比五十的果糖和葡萄糖，也都是利用酵素把其他的糖轉換成想要的果糖和葡萄糖混合物。（蜜蜂在肚子裡進行這項程序，人類則是在大桶子裡。）

蜂蜜也含有一些其他種的糖，以及少量特性強烈的有機化合物，因此每一種蜂蜜都有獨特的顏色與風味。從美感和味道的角度而言，蜂蜜和高果糖玉米糖漿非常不同，但從營養與健康的觀點來看，很難說它們有任何差別。事實上，市售的蜂蜜有時會摻雜較便宜的高果糖玉米糖漿。以化學分析方法無法知道某一瓶蜂蜜是否摻了糖漿，因為無論是對實驗儀器或是你的身體而言，這兩種物質所含的糖都是無法區分的。（有趣的是，確實有一種方法能夠區分，就是仔細分析糖中所含的碳十三同位素比例，但也只能勉強辨別。碳十三同位素比例也不會影響任何生物功能。）*

*譯注：蜂蜜和高果糖玉米糖漿的植物來源不同，光合作用的途徑也不一樣，因此碳十三對碳十二的同位素比例會有些微差異，但差異極小。

▼澱粉就是許多葡萄糖單元以頭尾相連，接成的很長的長鏈，就像麥芽糊精那樣，只是更長。我們肚子裡的酵素可以分解澱粉和一般雙醣中，糖類單元間的化學鍵，所以就營養上來說，你吃到富含糖或澱粉的食物時，就是攝取了混合的簡單糖。對特別擔心葡萄糖攝取量的糖尿病患者來說，澱粉其實比蔗糖更不好，因為蔗糖是葡萄糖加上果糖，而澱粉是純葡萄糖，而且甚至嘗起來沒有甜味。

◀轉化糖是把蔗糖分解成葡萄糖和果糖成分（有可能是完全分解成一比一的葡萄糖和果糖混合物，或是部分分解成葡萄糖、果糖和蔗糖的混合物）。因此在化學上非常類似高果糖玉米糖漿和蜂蜜。主要的差別在於，它是由甘蔗或糖用甜菜製成，而不是來自發芽玉米（高果糖玉米糖漿）或蜜蜂採自花朵的花蜜（蜂蜜）。換句話說，比較大的差別在於經濟效益，而不是化學或營養層面。我很驚訝的發現，轉化醣嘗起來和蜂蜜很像，我原以為蜂蜜的味道取決於它所含的少量成分，但似乎主要是來自果糖和葡萄糖的混合物。高果糖玉米糖漿製成的鬆餅糖漿也含有同樣的混合物，但卻因太多人工調味料掩蓋了味道。圖中這坨市售的轉化糖醬則沒有這些添加物。

▶坊間對於龍舌蘭糖漿或它的乾燥萃取物粉末廣泛流傳一種說法，說它比一般的糖更健康。這種說法似乎主要在於相對於蔗糖，它有較高的果糖含量，因此以相同卡路里來說，甜度更高。（龍舌蘭含的糖大約九成是果糖，蔗糖或高果糖玉米糖漿中只有五成是果糖。）但如果你主要的考量是卡路里，那這個差別也太小了，相較之下，其他的天然或合成甜味劑優點更明顯。

糖醇

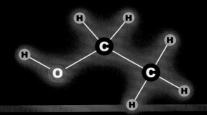

◀ 醇類分子會有一個－OH基（一個氧加上一個氫）接在碳原子上，而那個碳原子不會再連接其他的氧原子。如果一個分子具有這種基團就是醇類，若沒有，就不是醇。

我們之前學過，「醇類」意指任何含有醇基的有機化合物（見第38頁），醇基是指一個氧原子和一個氫原子以特定方式鍵結（請看本頁上方的乙醇分子）。醇類中例如甲醇、乙醇、異丙醇都只有一個醇基，但一個分子不見得只會有一個醇基。

看看前面幾頁的糖分子，你會看到它們有一大堆醇基！蔗糖有整整八個。但它們不僅是醇類，還以醚鍵連接成環狀。

沒想到結構上很類似糖，但不含複雜醚鍵環狀結構的分子也有甜味。簡單的「糖醇」分子，如赤藻糖醇和木糖醇都是人工甜味劑，廣泛使用於「無糖」的食品中。它們不是糖，不會造成蛀牙（事實上木糖醇不但不會造成蛀牙，似乎還能預防蛀牙），也不會提高血糖濃度。它們的甜度各有不同，但整體來說與糖差不多。它們還是有熱量，所以大量以糖醇取代糖，對糖尿病患有好處，但對節食的人則不然。要減重的話，還有更好的替代品。

▼ 幾種常見的糖醇甜味劑都是簡單的「全取代」糖醇。例如赤藻糖醇有四個碳原子，各接了一個醇基。木糖醇有五個碳原子，各接一個醇基。六個碳的糖醇有兩種，山梨糖醇和甘露醇，兩者都有六個碳，每個碳上也都各接了一個醇基，差別只在其中一個鍵的位向，這要用三維的分子構型才能看出來。

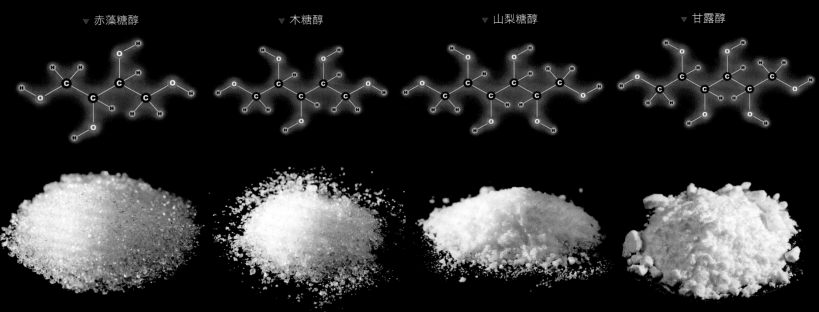

赤藻糖醇　　木糖醇　　山梨糖醇　　甘露醇

▲ 赤藻糖醇常和更強烈的人工甜味劑一起使用，以平衡風味。它不像其他糖醇會造成腸胃不適。

▲ 木糖醇顯然對於預防蛀牙有效，所以是無糖口香糖和牙膏最理想的甜味劑。

▲ 山梨糖醇是非常廣泛使用的糖醇甜味劑，雖然很甜，但卻容易造成某種「腸胃不適」的症狀。如果你想知道這是什麼意思，想想它的另一個常見用途：瀉劑。

▲ 甘露醇的化學組成幾乎和山梨糖醇一模一樣。此處兩種粉末看起來不同，是因為粉末的細緻度、濕度及擺放的方式所致，以及我們處心積慮讓它看起來有別於其他所有的白色粉末。

麥芽糖醇和巴糖醇

▼ 麥芽糖醇和巴糖醇都是葡萄糖和一個糖醇的組合，但是兩者的葡萄糖接在糖醇的不同位置上。麥芽糖醇是葡萄糖和山梨糖醇的組合，而巴糖醇則是葡萄糖和甘露醇的組合。

這些甘貝熊在網路上的名氣不小，因為有些買家在 Amazon 網站上留下了生動的評論，描述吃了甘貝熊後發生的腸胃症狀。這些描述或許為了喜感有稍微誇大一些，但是甘貝熊所含的主要成分：麥芽糖醇糖漿是幾種糖和糖醇的混合物，其中以麥芽糖醇的比例最高，而麥芽糖醇在高劑量時是有效的瀉劑。

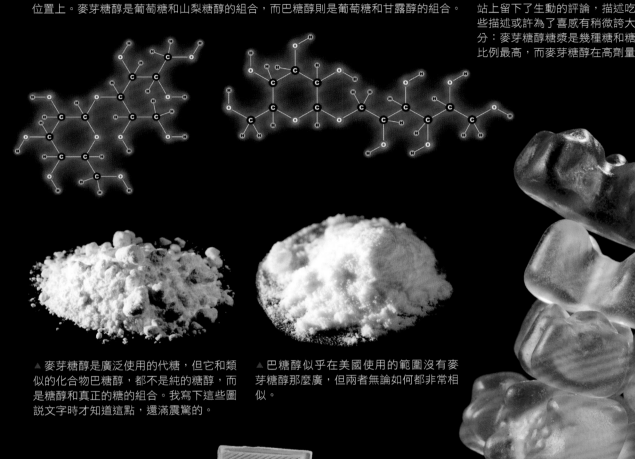

▲ 麥芽糖醇是廣泛使用的代糖，但它和類似的化合物巴糖醇，都不是純的糖醇，而是糖醇和真正的糖的組合。我寫下這些圖說文字時才知道這點，還滿震驚的。

▲ 巴糖醇似乎在美國使用的範圍沒有麥芽糖醇那麼廣，但兩者無論如何都非常相似。

▶ 幾乎每一種無糖巧克力中都含有麥芽糖醇，非僅如此，它也是大多數成分表列出的第一個物質（表示是重量比例最高的成分）。原來我最愛的無糖巧克力並不是我以為的如此無害，因為麥芽糖醇的熱量有糖的一半高（也就是還挺高的），而且對血糖的影響也不小——因為肚子裡的酵素會把它分解成葡萄糖和山梨糖醇。

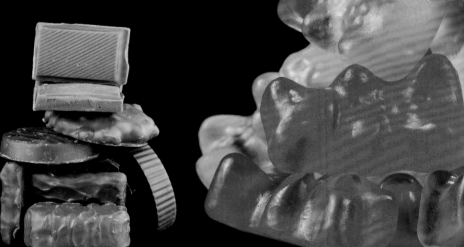

超級甜味劑

糖和糖醇都是使用量很大的甜味劑，你需要不少的量才能讓食物或飲料有甜味。在所有的甜食，例如糖果或早餐麥片中，它們有時會是列出的第一種食物成分，表示它的重量比例勝過這種食物的所有其他成分。

但是有些化合物的甜度則是完全不同的層次。這些物質的甜度比糖高了幾百到幾千倍，因此所需量不到幾分之一克。一方面來說，這是好事，因為這表示無論這種物質是什麼，都不會提供很高的熱量，因為它的用量太小了。另一方面，它也是個問題，因為糖和使用量大的代糖除了甜度以外，對食物的性質也有很大影響。例如，糖的黏性可以黏著其他成分，在高溫下會焦化成吸引人的棕色，它的特殊口感，還有保存效果，還有它的大用量。

使用超級甜味劑的挑戰是，必須找到其他物質取代糖的角色，又不會帶來不好的味道或質地，或又把你避免的熱量都放回去。

大多數的甜味劑是合成化合物，但是市售最有威力的兩種：甜菊苷和羅漢果甜苷（來自羅漢果），是天然的植物萃取物。

當然啦，說某一個分子是天然物還是合成的，無法告訴你它的味道或食用的安全性如何，但是在標示上卻會造成很大的差別。如果一種食物成分是來自植物萃取物，就可以標示為「純天然！」或同等效果的文字。

糖精

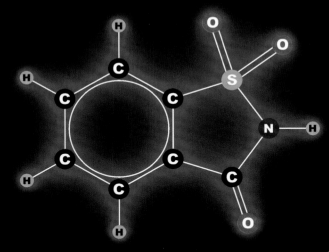

▲第一個銷售成功的無毒人造代糖就是糖精，但它也經歷了一些困難。首先，它遭汙名化為騙人的廉價代糖，沒有任何營養價值（從前認為卡路里是好東西）。後來，從 1970 到 1990 年代之間，有人懷疑它會造成膀胱癌，並且添加了警告標語。到 2000 年，終於確認這種物質不會對人體造成任何問題，警告標語也就移除了。

▼糖精的甜度大約比蔗糖高了三百倍，而且歷史久到有一些跟它有關的美麗骨董。我把這個糖精罐疊在一個類似的糖罐上，可以看出糖精的威力多強大。要是糖罐只有糖精罐這麼大就太蠢了，因為容量只夠調一到兩杯咖啡。相對來說，要是糖精罐跟糖罐一樣大，裡頭的糖精就可以用上一輩子！

▲糖精用在非常多種類的食品中，但也有給餐廳使用或家用的這種小包裝。我在成長過程中，總是看到添加糖精的食品上都有警告標語，所以現在發現一大堆東西裡都加了糖精，而且也不用任何特別標示時有點驚訝。這些警告是錯的，但是可能已讓一整代的人都對糖精有種不太好的感受。注意到品牌商品和無品牌商品的包裝都是一模一樣的粉紅色色調嗎？了不起吧。大多數代糖包裝皆如此，這讓販售商快抓狂，幾乎想幫特定的顏色註冊商標。

▼ 超級甜味劑的問題之一是，以純物質形式來說，你很難知道用量，比方說一杯咖啡所需的量。因為大多數人並不會為了秤量幾粒粉末，而隨身攜帶毫克天平，所以糖精這類的甜味劑幾乎總是會和大量的其他填充劑相混，以接近糖的使用量，而另一種做法是把它壓成等尺寸的小錠。即使是壓成錠狀，也還是得加入填充劑稀釋，但加的量不像粉末中這麼高。這個可愛的糖精錠罐還有一附小夾子以夾取小錠，每一錠都相當於一茶匙（五克）的糖。

▶ 這一個美麗的糖精骨董罐頭可能是商業用途：這麼強效的甜味劑，純粉末形式是很難對付的，除非你是要製造非常大量的某個東西。

◀ 不知為何，我為了拍照買了半公斤的糖精。我現在該拿它怎麼辦？這可是相當於是150公斤的糖啊！

▼ 強效甜味劑的意外用途：這組套件是用來測試防塵過濾面罩有沒有戴好。你戴上面罩，然後對著糖精溶液噴出的水霧吸一口氣，如果可以感受到糖精的甜味，就必須調整或修理面罩。你也可以用任何一種有強烈風味的化合物，比方說辣椒鹼粉（也就是防身噴霧），但我猜用糖精應該是很愉快的面罩檢查方式。

甜精

▼ 糖精和下圖這個甜精分子，都洩漏了它們的人工來源，因為有一個硫原子連接到兩個氧原子上。這種結構在天然物中並不常見，也不存在於任何天然甜味劑上。但不知為何，我們似乎喜歡這種基團的味道，因為它在另外幾種人造甜味劑中也都有出現。

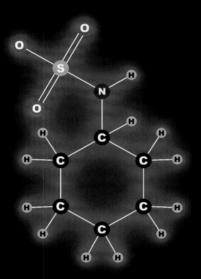

▶ 在一些國家中，甜精和糖精兩者皆合法，例如歐洲的大多數國家，代糖通常採用兩者的混合物，因為每種化合物都能部分抵消另一種在味道上的缺點。甜精的甜度大約只有糖精的十分之一，所以十份甜精和一份糖精，大約有相同的味道強度。

◀ 大家不能好好相處嗎？美國禁止使用甜精，但糖精是合法的。所以美國賣的代糖「纖而樂」（Sweet'N Low）是糖精。加拿大禁止使用糖精，但甜精是合法的。所以那些惡名昭彰，喜歡逆向操作的北方佬，賣的「纖而樂」是甜精。

▶ 這是甜精和糖精的液態混合物，大約比糖的甜度高十倍。

安賽蜜

▼ 安賽蜜（乙醯磺胺酸鉀）也有甜精和糖精中都具有的硫氧基團，也具有相同的金屬餘味，因此有些人不太喜歡。這種甜味劑通常用於烘焙食品，因為它在高溫時還滿穩定的，不像有些甜味劑那樣。

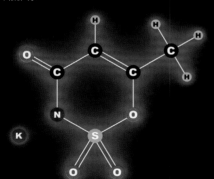

▶ 安賽蜜的甜度大約是糖的兩百倍。

阿斯巴甜和紐甜

▼ 阿斯巴甜是由兩個胺基酸所組成：天門冬胺酸和甲酯化的苯丙胺酸。它們在此的連接方式與在蛋白質中的完全相同，在胃中幾乎會立刻被打斷，所以攝取阿斯巴甜相當於是攝取這兩個胺基酸，兩種都是人體健康所需的營養素。實在看不太出來阿斯巴甜可能會有害的理由。

確實如此，經過數十年的爭論，所有的跡象都指出，阿斯巴甜是完全安全的。（只有一件事要注意。你會看到有些食品標示上會警告內含阿斯巴甜，因為我們周遭約有萬分之一的人有基因上的缺陷，必須限制飲食中苯丙胺酸的攝取量。所以除了在飲食上要嚴格控管含有苯丙胺酸的食物以外，也須避免添加阿斯巴甜甜味劑的食物。）

◀ 紐甜是有潛力的阿斯巴甜衍生物，在其中的天冬胺酸上連接了一個二甲基丁基（就是指圖中左上方的六個碳和十三個氫原子）。這個修飾使得它的甜度比阿斯巴甜增加五十倍，也就是比蔗糖甜上一萬倍！它在人體中的分解產物相當無害，甚至對那些對苯丙胺酸（在阿斯巴甜和紐甜裡都有）敏感的人也是如此。

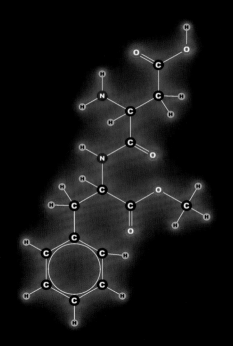

▶ 紐甜是代糖（無論是天然物或是合成物）中威力最強的一種。圖中的 4.5 克紐甜粉末（袋子上方勉強看得到的那盤），效用大約等同於下方 45 公斤的蔗糖。那可是 4.5 克紐甜的零熱量，對上糖的 171,000 卡！一茶匙的糖相當於 0.4 毫克的紐甜，它的極度強效是它安全的原因之一。具體來說，0.4 毫克的量是如此之小，就算它的毒性和VX神經毒氣（已知最毒的合成化合物）一樣好了，你喝完這杯咖啡後，還是大有機會活下來。

▼ 紐甜的甜度如此驚人，我才把袋子打開幾秒，舀一匙出來堆成這堆，就能在口腔後方嘗到甜味。它的粉末細緻，雖然我已經動作緩慢，盡量不要擾動它，還是可以在鬍鬚上嘗到它的味道。完全看不到的量就能帶來一陣強烈的愉悅甜味！抱歉這聽起來像在打廣告，但這個東西真是太了不起了。

三氯蔗糖

▶ 以化學結構而言，三氯蔗糖和蔗糖完全一樣，只是有三個醇基（−OH）被取代為氯原子。這個改變使得它的甜度增加了六百倍，也讓它變得無法消化，且表示所添加的少量甜味劑沒有任何熱量。

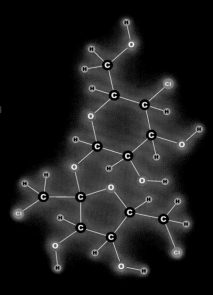

▶ 三氯蔗糖使用在為無糖的烘焙食品增加甜度上幾近理想，因為它在高溫時很穩定，而且味道很好。

▼ 美國的代糖品牌「善品糖」（Splenda）和其他相同顏色包裝的無品牌代糖，主要的甜味來源都是三氯蔗糖。包裝內的粉末大部分是右旋葡萄糖和麥芽糊精，熱量可能有四卡左右，但是美國食品藥物管理局（FDA）容許將它四捨五入為零。

甜菊

▶ 甜菊葉萃取物包含數種化合物，統稱為甜菊糖苷。其中有些就跟合成甜味劑的效用一樣強（大約比糖甜三百倍）。它有兩種最重要的成分：萊苞迪苷A和甜菊苷，兩者結構類似。這裡畫出的是萊苞迪苷A。

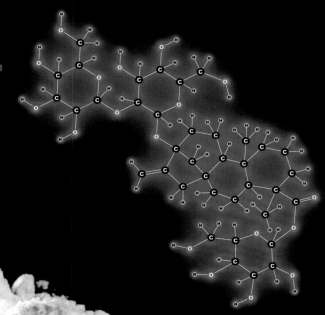

▼ 這些是用來萃取甜菊甜味劑的甜菊葉。很多人認為甜菊是完美的甜味劑，因為它既沒有熱量又是全天然的。有些人則討厭它的味道，因為和熟悉的糖差別還滿大的。

▲ 純的甜菊葉萃取物是幾百種互相關聯的分子混合物。它們都是化合物，也都不會因為來源是天然物而安全或不安全。目前為止似乎是安全的，不過它們還不像其他合成甜味劑那樣，有經過透徹研究過。

▶ 甜菊就跟其他超強效的合成甜味劑一樣，常常以液體形式販售，這是因為要配製非常少的劑量時，用液滴比較方便。這種包裝方式適用高度濃縮的液體，只要很小的包裝就可以配出非常大的食物量。而這點粉末比較難辦到。

▶ 甜菊是植物萃取物，所以可以標示為「全天然」，甚至是「膳食補充劑」，來暗示它對你可能有好處。但是這個一克裝的包裝裡其實百分之九十六都是葡萄糖（右旋葡萄糖），剩下的百分之四才是主要的味道來源甜菊萃取物。不可思議的是，代糖小包裡經常幾乎都是純糖，但還是標示為零熱量，因為美國的食品藥物管理局容許，熱量低於五卡的東西都能標示為零卡。其實包裝裡都含有一克左右的葡萄糖，也就是四卡。另一方面，這一包的甜度相當於兩茶匙的糖，也就是三十二卡。所以如果你只用一包代糖，相當於攝取的熱量為使用糖的八分之一，但絕不是零熱量。

這些以甜菊為基底的甜味劑使用赤藻糖醇替葡萄糖當填充劑。這很好，因為赤藻糖醇熱量遠低於葡萄糖，也不會讓血糖上升，這個條件應該都是代糖使用者會有的期待，通這些人不是過重，就是有糖尿病，或兩個都。但這些甜味劑就不能標示為「全天然」。甜菊是直接來自植物萃取物，但赤藻糖醇玉米在人工控制下發酵而得的，有些人認為不夠「天然」。

羅漢果

另一種複雜的多環植物化合物是羅漢果苷。它有幾種變體，這裡畫的是其中的一號化合物。

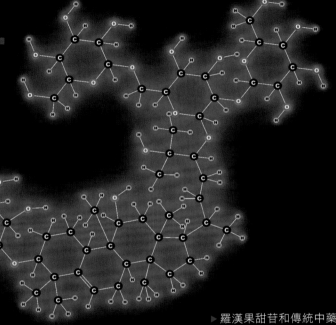

▶ 羅漢果甜苷和傳統中藥有很強的關聯，所以這瓶以它為基底的甜味劑，標籤才會長這樣。

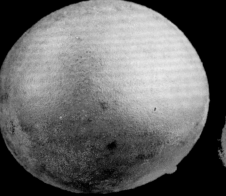

羅漢果甜苷是從羅漢果這種水果中萃取而來的。

◀ 羅漢果甜苷混合物的甜度約是糖的三百倍，和大多數高強度合成甜味劑差不多。這些萃取物生粉據說含有百分之七的羅漢果甜苷，還是比糖甜上了許多倍。另外的百分之九十三是什麼呢？沒有仔細的化學分析就不好説了。

混在一起
更美味

大多數人認為，幾乎所有不是糖的甜味劑，味道都差了一些，這究竟是生理反應還是心理因素造成的，有點難以判斷。比方說我本人就已經自我訓練了十年，想讓自己愛上健怡汽水勝過一般汽水，到目前只成功了一半。我的訓練菜單從來不容許我喝真正的汽水，所以我不會想起自己錯過了什麼樣的味道。

製造商改進人工甜味劑口味的方法之一是，把數種混在一起。通常來說，一種人工甜味劑的怪味、餘味或緩慢出現的味道，會受另一種甜味劑的風味抵消。

▼ 會有這一系列小罐裝的超級濃縮調味瓶（這些小罐的高度都不到十公分），完全是因為超甜分子的威力。如果用一般的糖來調味，這麼小的罐子只能調出一兩杯飲料，但事實上這些小罐所含的甜味劑，可以調出幾加侖的調味水。下面幾罐的每一罐，都是由特殊的天然或人工甜味劑所組成，或兩者兼有。

▲ 三氯蔗糖、乙酸異丁酸蔗糖酯　▲ 蔗糖、菊糖萃取物　▲ 海藻醣醇、菊糖萃取物　▲ 羅漢果萃取物

▶ 這一個小包裝裡有阿斯巴甜和安賽蜜。一如往常，其中大多數的成分是葡萄糖，但卻標示為零卡路里，因為法規規定，熱量五卡路里以下的食品標示，可以四捨五入為零。

▶ 超市賣的糖類取代品種類驚人，包括了任何你想得到的天然與合成甜味劑的混合物。舉例來說，右圖的產品結合了蔗糖、海藻糖醇和菊糖。

▲ 咖啡因、三氯蔗糖、安賽蜜、乙酸異丁酸蔗糖酯

▶ 三氯蔗糖、安賽蜜

▶ 烘焙食品對糖的取代品來說，是特別的挑戰。只有能夠承受長時間高溫的物質可以勝任，因此選擇很有限。

▼ 這可以使用：巴糖醇、山梨糖醇、安賽蜜、三氯蔗糖

▶ 這可以使用：麥芽糖醇、乳糖醇、山梨糖醇、安賽蜜、三氯蔗糖

天然與人造

上一章我們學到了天然和人工甜味劑。糖精和阿斯巴甜之類的化合物是敏感的話題。很多人不信任這些東西，其中最有名的幾種甜味劑都曾歷經科學上、管制上，及大眾輿論的激辯。但天然植物萃取物則常輕易過關，例如甜菊，除非證實有問題，否則人們傾向於信任它們，而且立法者對它們也較少子細檢查。

你可能會以為，既然我對化學抱持正面態度，我可能會熱中於嘗試新合成的人工甜味劑。實則不然。盡管政府和工業界盡一切努力（雖然有時也會隨便故做或被買通）測試化合物的安全性，新分子造成的細微問題，可能仍要等數百萬人使用多年後才會顯現出來。

但我也不會吃我在森林裡找到的隨便蕈類，或是不老實的天然食品商打著「有機」名號販售的草藥保健品。新發現的合成化合物有一些可怕之處，它們跟陌生蕈類或不受管控的保健品完全一樣，都有不確定性。合成化合物比起天然物，並沒有任何固有的更大危險性。

當然，有一些不健康的化合物是在實驗室裡創造出來的，但是拜託，如果你要找有毒物質，往大自然中找吧！特別是植物，它們可是傾盡全力合成防禦性的化合物，目的是殺死一直想吃它們的動物，或增添自己的遭攝食難度。（植物無法移動，除了化學武器以外，選擇所剩無幾。）

分子不知道自己從何而來。它們不知道自己是天然的還是人造的，好的或壞的，健康的或有毒的。分子就是分子。無論它們是在實驗室裡創造，在海螺的毒腺中得到，在工廠裡製出，或取自草藥的葉子，都不會有影響。

乙酸（也稱醋酸）的鉛鹽。

▲ 別誤會我的意思，有些人工甜味劑一定是很毒的！「鉛糖」是乙酸鉛的煉金術名字，早在兩千年前的羅馬帝國就曾做為人工甜味劑使用。鉛是陰險的東西，是會長期累積的神經毒素（意即就算只吃很少量，長時間還是會讓你變笨）。好幾世紀以來都沒有人注意到這件事，因為把發瘋歸咎到女巫或惡魔，比起找出真正的原因簡單多了。

▶ 儘管乙酸鉛有問題（意指它的重金屬毒性），卻還是合法而且受普遍使用，甚至現在還用於掩飾灰髮的漸進式染髮劑*。鉛在此處是色素：它會永久嵌入頭髮纖維。我覺得這是個很糟的主意，因為目前尚未訂出無害的臨界鉛暴露濃度。要是我就不會用，單純因為它含有鉛。（這當然是說，就算我有需要也不會用。）

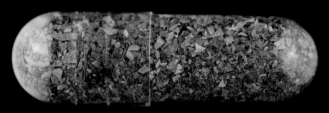

*譯注：漸進式染髮劑是金屬染劑，藉由每天反覆塗敷，以使金屬逐漸沉積而改變髮色。

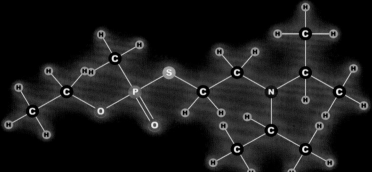

▲ 2013 年的一項調查發現，美國販售的草藥保健品中，有百分之六十八含有標籤上未列出的植物成分（意即他們在標示的時髦東西以外，又加了一些野草）。更驚人的是，商品中有百分之三十二完全不含任何標示上的成分。人工食品成分的製造商並非天生比較誠實，但至少人工食品成分理論上會受管制和檢驗，而天然食品和草藥保健品卻完全不受管制。沒有人檢查其中的任何東西。（舉例來說，這張照片是我把院子裡蒐集到的乾落葉放進膠囊裡。換句話說，我做的事就跟那些製造商一樣，他們可是販售了美國將近三分之一的草藥保健品。）

▲ 乙酸鉛是慢性毒藥，但是其他合成化合物效果就快多了。VX神經毒劑只要看得到的一點點量就能致死，它是已知最毒的合成化合物。儘管如此，它在最毒的物質競賽中還是遠遠的落在第四名。最毒物質競賽的金銀銅牌得主列在後面幾頁，分別是肉毒桿菌毒素、刺尾魚毒素和箭毒蛙毒素；全都是天然化合物，不含人工色素、香精或添加物。

▶ 有些毒物非常陰險，乙酸鉛就是一例，它可以滲入人群，殺害大眾於無形。毒氣就不同了，它一點也不幽微。毒氣已經殺死上百萬人，大多是刻意為之，不是因為沒人發現。

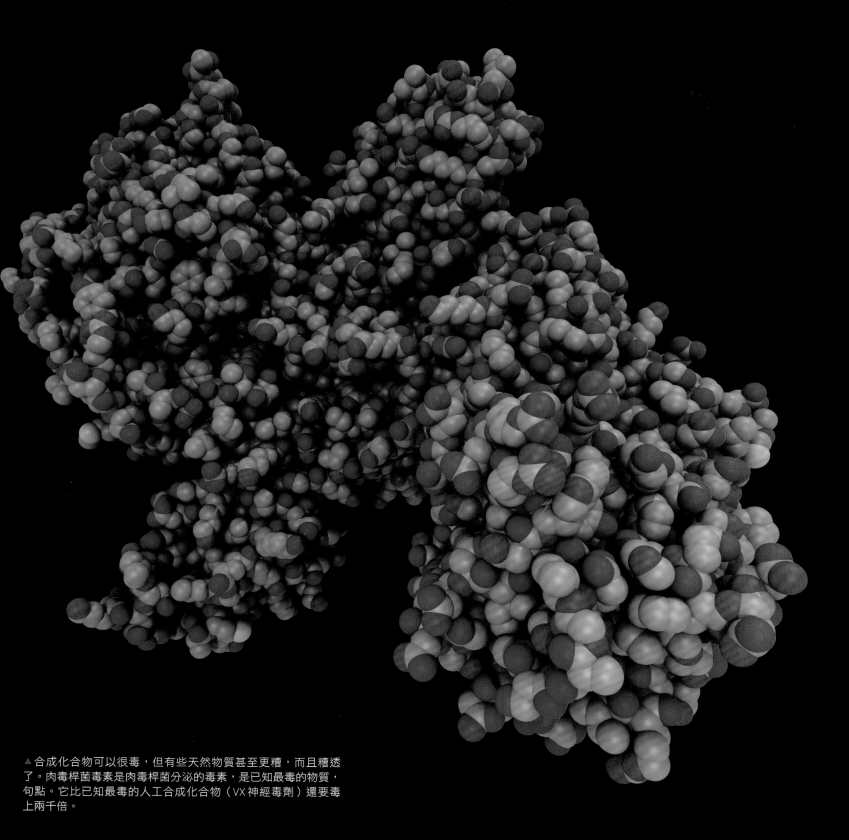

▲ 合成化合物可以很毒，但有些天然物質甚至更糟，而且糟透了。肉毒桿菌毒素是肉毒桿菌分泌的毒素，是已知最毒的物質，句點。它比已知最毒的人工合成化合物（VX 神經毒劑）還要毒上兩千倍。

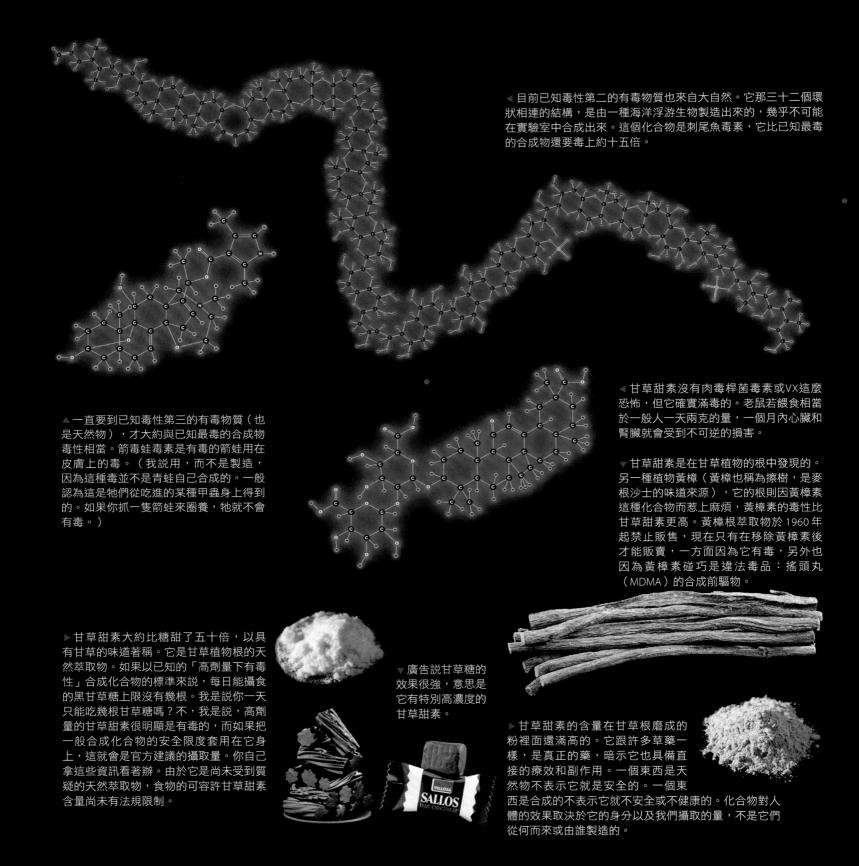

◀ 目前已知毒性第二的有毒物質也來自大自然。它那三十二個環狀相連的結構，是由一種海洋浮游生物製造出來的，幾乎不可能在實驗室中合成出來。這個化合物是刺尾魚毒素，它比已知最毒的合成物還要毒上約十五倍。

▲ 一直要到已知毒性第三的有毒物質（也是天然物），才大約與已知最毒的合成物毒性相當。箭毒蛙毒素是有毒的箭蛙用在皮膚上的毒。（我說用，而不是製造，因為這種毒並不是青蛙自己合成的。一般認為這是牠們從吃進的某種甲蟲身上得到的。如果你抓一隻箭蛙來圈養，牠就不會有毒。）

◀ 甘草甜素沒有肉毒桿菌毒素或VX這麼恐怖，但它確實滿毒的。老鼠若餵食相當於一般人一天兩克的量，一個月內心臟和腎臟就會受到不可逆的損害。

▼ 甘草甜素是在甘草植物的根中發現的。另一種植物黃樟（黃樟也稱為擦樹，是麥根沙士的味道來源），它的根則因黃樟素這種化合物而惹上麻煩，黃樟素的毒性比甘草甜素更高。黃樟根萃取物於 1960 年起禁止販售，現在只有在移除黃樟素後才能販賣，一方面因為它有毒，另外也因為黃樟素碰巧是違法毒品：搖頭丸（MDMA）的合成前驅物。

▶ 甘草甜素大約比糖甜了五十倍，以具有甘草的味道著稱。它是甘草植物根的天然萃取物。如果以已知的「高劑量下有毒性」合成化合物的標準來說，每日能攝食的黑甘草糖上限沒有幾根。我是說你一天只能吃幾根甘草糖嗎？不，我是說，高劑量的甘草甜素很明顯是有毒的，而如果把一般合成化合物的安全限度套用在它身上，這就會是官方建議的攝取量。你自己拿這些資訊看著辦。由於它是尚未受到質疑的天然萃取物，食物的可容許甘草甜素含量尚未有法規限制。

▼ 廣告說甘草糖的效果很強，意思是它有特別高濃度的甘草甜素。

▶ 甘草甜素的含量在甘草根磨成的粉裡面還滿高的。它跟許多草藥一樣，是真正的藥，暗示它也具備直接的療效和副作用。一個東西是天然物不表示它就是安全的。一個東西是合成的不表示它就不安全或不健康的。化合物對人體的效果取決於它的身分以及我們攝取的量，不是它們從何而來或由誰製造的。

▼「紅甘草糖」（Red Licorice）只是商品名稱，它根本就不是真的甘草。這種糖果裡添加的人工草莓香料，和黑甘草裡的甘草甜素一點關係也沒有，所以你愛吃多少都可以。

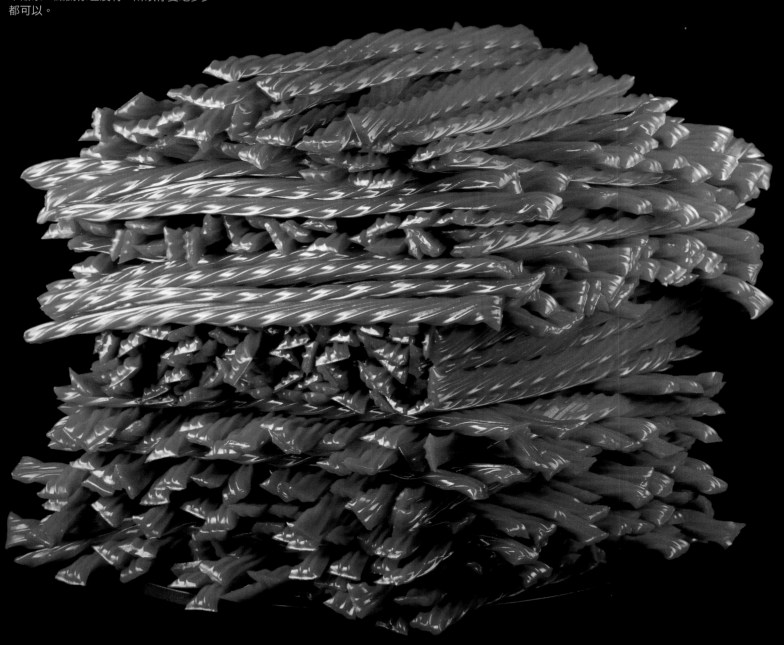

兩種香草精的故事

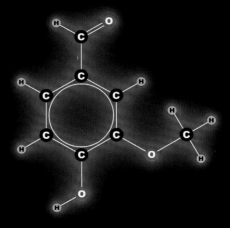

天然物和合成物的有趣差別在於,最可能伴隨特定主要化合物出現的次要成分,有所不同。

(你可以把這些次要成分稱為「不純物」、「芳香成分」、「汙染物」或者是「複雜風味成分」,這取決於這些成分是什麼,以及你如何看待它們。)

合成化合物通常由礦物或石油前驅物製成,你必須小心鉛或會致癌的石油抽出物潛藏其中,形成不好的汙染物。另一種常見的情況是,目標化合物的合成反應中,會同時生成一些類似但不好的化合物。

反之,若是來自植物的化合物,你必須提防植物用來自禦的許多有毒化合物。而因操作隨便造成汙染或有來自土壤的毒素也是常有的問題。天然物的處理、發酵和料理都是化學反應,可能會中和一些自然出現的有毒化合物,但同時又生成可能不好的新化合物。

香草醛的例子可以做為這些差異的有趣代表。

▲ 上面這個分子稱為香草醛,系統命名是 4-羥-3-甲氧基苯甲醛,是全世界截至目前最重要的香料成分。這個分子正是天然與人造香草風味的味道主體,這兩者唯一的差異只在於混合物中存在的次要化合物。廚師會堅持,不同的天然香草有非常不同的風味,他們說的沒錯。但不是因為有不同種類的香草醛分子,而是有不同的次要化合物,這取決於香草豆在哪裡生長,還有如何處理的。

天然香草萃取物

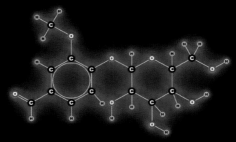

▶ 葡萄糖香草醛是一個香草醛分子接在一個葡萄糖分子上,它是未發酵的綠色香草豆中香草醛存在的形式。香草豆發酵(意指一連串因人類介入而開始的化學反應,但無論如何仍算是天然過程)時,酵素會把這兩者分開,釋放出香草醛。

▼ 市售的「純香草精」大多是酒精和水的混合物。依照標準,它至少要含有百分之三十五的酒精,且每公升液體要含有來自一百克乾燥發酵香草豆的萃取成分。這表示你買的液體中,香草醛的濃度大約只有原本香草豆莢的十分之一或不到,這比乾燥的粉末更少。這瓶混合物中的主要風味成分香草醛,約只有百分之零點二。

◀ 香草豆生長在我想造訪的馬達加斯加等地,是天然香草風味的來源。香草豆莢原本是綠色的,但經過幾週的陽光和水(也是我去馬達加斯加想要有的)交替處理後,顏色會變深。(這同樣也是如果我在馬達加斯加,經過幾週陽光和水的洗禮後會變成的樣子。)

▲ 香草豆粉末在發酵後大約含百分之二的香草醛。香草醛可以用酒精和水的混合物從這種粉末中萃取出來,同時還會得到至少一百種其他次要的組成。

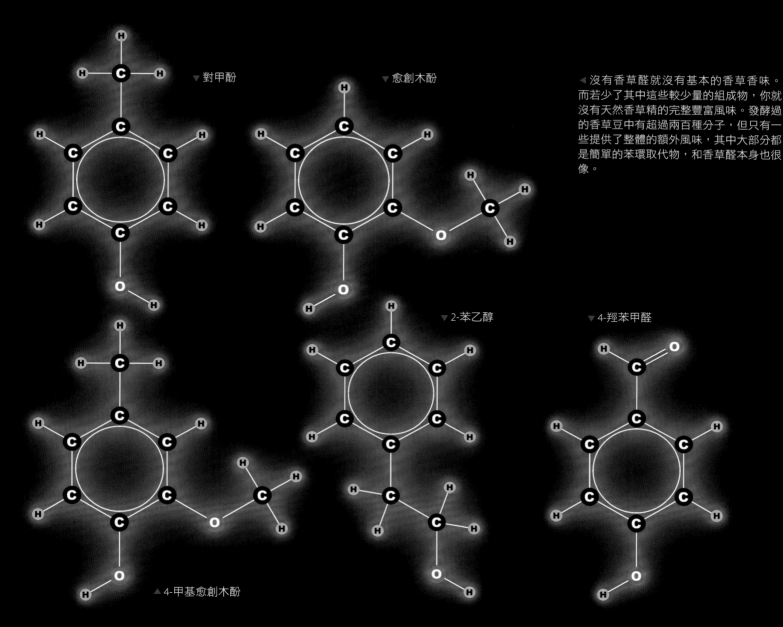

▼ 對甲酚

▼ 愈創木酚

◄ 沒有香草醛就沒有基本的香草香味。而若少了其中這些較少量的組成物，你就沒有天然香草精的完整豐富風味。發酵過的香草豆中有超過兩百種分子，但只有一些提供了整體的額外風味，其中大部分都是簡單的苯環取代物，和香草醛本身也很像。

▲ 4-甲基愈創木酚

▼ 2-苯乙醇

▼ 4-羥苯甲醛

合成香草

▶ 1930 年代發展出一種實用過程，可由造紙木漿處理後的殘餘木質素中合成香草醛，這使得全球的香草醛價格突然暴跌。

▶ 今天，大多數的合成香草醛都是由石油或煤炭萃取出的化合物製成的。這衍生出一種非常有趣的方法，可以分辨合成的香草醛有沒有冒充為天然物販售。（廠商很想用合成物假冒天然物，因為天然物的售價高許多，又沒有任何化學方法可以辨識。）

你瞧，天然香草精有放射性，而合成的香草醛則沒有。這聽起來可能很令人意外，但事實如此。來自活植物的物質，都會和植物有大約相同的放射性碳十四比例，大約是每兆分之一。當中的碳十四由植物從大氣中吸收的 CO_2 而來。但隨著時間過去，碳十四會衰變，然後失去放射性（這就是碳十四定年法的基本原理）。原油和煤炭，因為年代非常非常久遠，已經完全不含碳十四的放射活性了，所有從中衍生的化合物亦然。

合成香草

▶ 合成香草調味料，也稱為仿香草（imitation vanilla），化學上等同於天然香草，至少以主要成分香草醛來說是如此。有些國家准許用「等同於天然物」而不是「仿」來標示食品添加劑，這是很有道理的，因為這可以讓人們學會化學，知道他們買的是真的東西，只是由工廠製造罷了。在美國，你必須讀成分標示才會知道「仿」這個字並不真的表示它是仿的，它的意思是，這正是你要的化合物，只是以合成的方式來製造。

▶ 天然香草很貴，因為它必須經過人工授粉和採收。合成香草很便宜，半公斤只要幾美金（大概1公斤10美金）。只要1美金的合成香草醛，就能夠製造出大約15公升你在店裡買的那種香草精！比起天然香草精，合成香草醛的隨機成分較少，風味較易預測，也較不複雜。至於這是好是壞就看你的目的了。如果你只是在家料理，添加天然香草精是快速簡單的方法，可以一次在食物中加入大量的不同化合物，而如果你也喜歡這些化合物的味道（大部分人都是），那就太棒了。比方說，我用液態氮做冰淇淋時就會用天然香草。但如果你要製作市售的食物產品，需要小心控制口味，那你可能會選擇使用合成香草醛，不只因為它比較便宜，也因為如果你想要特定的第二風味，你會另外添加一定的準確量，而不是仰賴天然物中相當隨機的混合物，因為可能每一批天然香草精中，隨機混合物都不同。頂尖主廚喜愛的天然香草多樣性，對商業廚師來講可能只會帶來困擾。

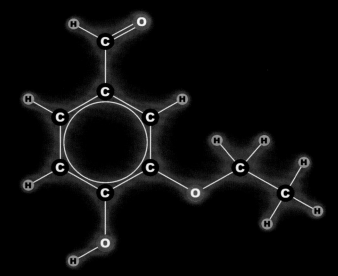

▶ 乙基香草醛嘗起來和正規的香草醛很像，但味道強了兩三倍，而且有些人其實比較喜愛它的風味，勝過正規香草醛。它不會天然生成，但確實會在一些合成香草醛中以次要的成分出現。也可以單獨購買它的純物質，在市售食物產品中它用來平衡與調整香草類風味，以取代更貴且更難掌控的天然香草精。我花了60美金買了整整一公斤，因為這是純粉末的最小包裝。結果整間工作室聞起來都是香草的味道，而且可能會維持一輩子，或至少等到輪到要拍我的豐富小便收藏時（見第196頁）才會消失。

▲ 乙基香草醛和香草醛一樣，只是最右邊原本一個碳的基團（甲基）由兩個碳的基團（乙基）取代。它是人工合成香草醛時的意外產物。以這個角度來說，它是合成香草醛的汙染物，在天然香草中不會出現。但是，就像天然香草中的一些「汙染物」一樣，它其實味道還不錯。

刻意添加的食品添加劑

有些包裝食品上的成分清單長得嚇人。為什麼要在我們的食物中放這麼多不同的化合物？但其實真正的問題不是為什麼清單太長，而是為什麼這麼短。未經處理的天然食物的成分清單，整體來說，長得太多了，你只是沒看到，因為沒有法規要求要把天然食物含的化合物列出來。蘋果派的成分只會寫「蘋果」，而不是大約兩百種構成蘋果的化合物。

人工食品會含有非常長的成分清單，是因為在嘗試跟大自然一樣，把一些東西放在一起以做成蘋果之類的東西。幾乎蘋果中的每一種化合物，都幫助蘋果以某種方式滿足了蘋果的功能：糖是刺激動物來吃它的誘餌，如此可以傳播種子；纖維素讓蘋果成型；酸類和有毒的化合物抵禦昆蟲和黴；色素和香料是向有可能攜帶種子的動物和鳥宣傳它的美味。

當食物設計者組合出一種人造食品時，也是基於同樣的理由添加化合物：糖是為了味道和營養；澱粉、纖維素或蛋白質是讓它成型、賦予結構、使質地輕巧或有好的口感；有毒的化合物是防止發黴；而色素與香料是為了吸引顧客。

你可能會認為加工食品整體來說應該更健康，因為我們是在嘗試製造出讓人類消耗的食物。除了母奶這個唯一的例外，大自然製造給我們吃的任何東西，都不是特地為我們設計的，而且只有非常小比例的植物是人可以吃的！（雖然水果真的是想要被吃掉，但它們有目的：要你為植物傳播種子。你的長期健康則不在它們的考慮之內。）

不幸的是，大多時候食品工程的努力都在於增加銷量，提升美味，而不是對你更有益。但例外還是有的，隨時間過去，人們逐漸理解現代的西方飲食變成多麼不健康，非天然食品的情況開始有好轉的跡象。

◀ 水、纖維素、糖、噻吩、噻唑、香草醛、蘆筍酸、槲皮素、芸香苷、金絲桃苷、薯蕷素、槲皮素-3-葡萄糖醛酸苷、天冬醯胺酸、精胺酸、酪胺酸、山奈酚、菝葜皂苷元、Shatavarin I-IV、Asparagosides A-I、蔗糖-1-果糖轉移酶、螺旋甾烷醇糖苷、1-甲氧基-4{5-（4-甲氧酚）-3-戊烯-1-炔}酚、4{5-（4-甲氧酚）-3-戊烯-1-炔}酚、辣椒紅素、辣椒玉紅素、辣椒紅素5,6-環氧化物、3-O-[α-L-rhamnopyranosyl-（1→2）-α-L-rhamnopyranosyl-（1→4）-β-Dglucopyranosyl]-（25S）-spirost-5-ene-3β-ol,2-hydroxyasparenyn）4'-反式-2-羥基-1-甲氧基-4-5（4-甲氧酚）-3-戊烯-1-炔苯、Adscendin A、Adscendin B、Asparanin A-C、Curillin G、右旋表松脂酚、1,3-O-diferuloylglycerol、1,2-O-diferuloylglycerol、亞麻油酸、布盧門醇C、蘆筍酸氧化物甲基醚、2-Hydroxyasparenyn、Asparenyn、Asparenyol、單棕櫚酸甘油酯、阿魏酸、1,3-O-Di-p-coumaroylglycerol、1-O-Feruloyl-3-O-p-coumaroylglycerol、菊糖、Officinalisins I and II、β-谷固醇、雙醯化蘆筍酸、S-乙醯基雙氫化蘆筍酸、Alpha-amino-dimethyl-gamma-butyrothetin、琥珀酸、糖、大豆異黃酮、對羥基苯甲酸、對香豆酸、龍膽酸、Asparagusate dehydrogenase I and II、硫辛醯脫氫酶。

◀ 加碘鹽是早期為了提升大眾健康而重新設計天然食物，最後獲得廣泛成功的例子。要維持健康，人類飲食中需要一定的碘，這可從一般食物中得到。但有些地區的土壤，碘含量天生就非常低，一般的飲食可能會造成碘量不足。於是政府決定，在食鹽中添加少量的碘可能是好方法，因為食鹽可以做為攜帶這種營養素的天然媒介。這個廣泛採用的好方法幾乎完全消除了缺碘症會造成的疾病。

▶ 基於有利於大眾健康的政策，鮮奶幾乎都會強化維他命D的成分，就跟在鹽中添加碘一樣。維他命D缺乏症從前在孩童身上常見得嚇人，但現在基本上已經沒聽說了，主要正是因為強化鮮奶的緣故。

刻意添加的
食品添加劑

大家似乎只有在一種情況下，會認可很長的添加物清單，那就是維他命補充劑。不管你多討厭化合物，但沒有它們你就是無法生存。這幾種純的維他命數量都有兩克左右（除了維他命 B12，它的純物質形式太貴了，我只買了一克）。

每張圖下方標示的數字都讓人吃驚：這是指如果你每天攝取官方推薦的每日攝取量，兩克的維他命可以讓你吃幾天，其中維他命 C 的 22 天最短，維他命 B12 的 2,280 年最長。維他命 B12 的每日攝食劑量只有 2.4 微克，大約是的肉眼可見的一顆灰塵的量。人體對維他命的需求量很小，因為它通常是扮演催化的角色，意思是，它們與人體內的酵素共同作用，把化合物轉為其他形式，本身並不會消耗。所以就算你只是偶爾補充維他命，你體內的供給量或許也能維持一段長時間而不匱乏。

▲ 維他命 A，又名視網醇，27 年

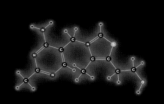

▲ 維他命 B1，又名硫胺素，4 年

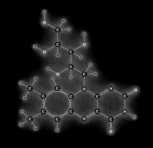

▲ 維他命 B2，又名核黃素，4 年

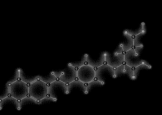

▲ 維他命 B9，又名葉酸，14 年

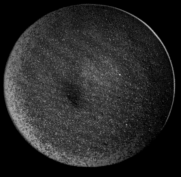
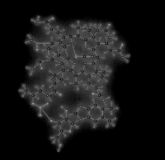

▲ 維他命 B12，又名氰鈷胺素，2280 年（以 2 克的量來說，但這裡其實只有 1 克）

▲ 維他命 C，又名抗壞血酸，22 天

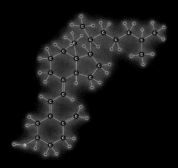

▲ 維他命 D3，又名膽鈣化醇，548 年

▲ 維他命 B3，又名菸鹼酸，4 個月

▲ 維他命 B5 又名泛酸，1 年

▲ 維他命B6，又名吡哆醇，3年

▲ 維他命 B7，又名生物素，183 年

▶ 有個好玩的問題：假設你拿一種合成化合物去餵雞，讓牠生出蛋黃特別黃的雞蛋，然後再用這些蛋黃去幫某種食品染色。這樣你能把這種食品標示為「全天然」，因為它只含有蛋黃等天然物嗎？這個假設的問題與真實情況只有一線之隔。雞飼料中經常會添加天然的金盞花萃取物，讓蛋黃顏色更黃。但如果是人工合成物，就像許多動物飼料裡添加的化合物呢？

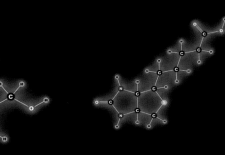

▶ 金盞花萃取物不只用來幫雞蛋的蛋黃增色，奇怪的是，熱帶鳥的飼主還會用它來讓鳥兒全身都變成黃色（或至少是讓牠們原本的黃色羽毛變得更黃）──當然不是用畫的，而是餵牠們吃。吃什麼就變什麼，包括色素等等。

▶ 葉黃素是金盞花主要金黃色的來源。

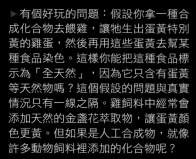

▲ 維他命 E，又名生育酚，4個月

▲ 維他命 K，又名葉綠醌，46年

▼ 我女兒艾瑪養小雞。你看得出我們有餵牠們含金盞花萃取物的雞飼料嗎？

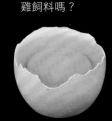

玫瑰與臭鼬

氣味是傳遞訊息的分子。它們進入鼻腔,和氣味受器短暫連結,然後由下一陣鼻息沖出。雖然有些東西的味道沒有特殊目的,但很多氣味會存在是為了傳遞特殊訊息。

有關氣味分子的共通事實是:它們一定都很小且結構簡單。為什麼?因為要成為一種氣味,分子必須要抵達你的鼻子,為了要來到你的鼻子,它必須揮發。

一般規則是:分子愈大,沸點愈高,而在溫度低於沸點時,揮發得愈少。

但在這個限制下,有趣的分子仍有很大的發揮空間。

香水商會用「果香調」之類的字眼來描述氣味。「果香調」到底是什麼？唔，這裡是指專屬於成熟的金冠蘋果的「調性」。（沒有單一的「果香調」，而是全部的果香調以特別比例結合時，聞起來就會像蘋果，而且隨著蘋果成熟的過程，每一種化合物的相對含量會緩慢變化。）這當中的化合物，百分之九十五是簡單的酯類，再加上幾種醇類。此處依照尺寸大小列出。（注意到除了最後四個以外，每個分子中間都有由一個碳和兩個氧原子組成的基團，這就是酯基，第 43 頁有解釋。最後四個是醇類，有－OH 基。）

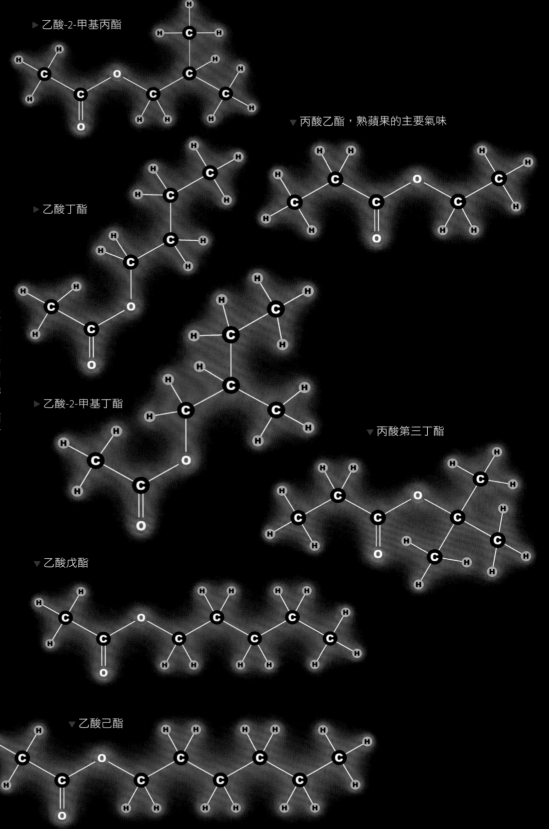

▶ 乙酸-2-甲基丙酯

▼ 丙酸乙酯，熟蘋果的主要氣味

▶ 乙酸丁酯

▶ 乙酸-2-甲基丁酯

▼ 丙酸第三丁酯

▼ 乙酸乙酯

▶ 乙酸丙酯

▼ 乙酸戊酯

▼ 乙酸己酯

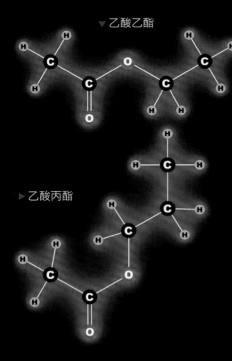

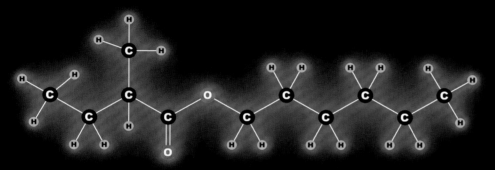

▲ 2-甲基丁酸己酯

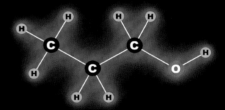

▲ 1-丙醇

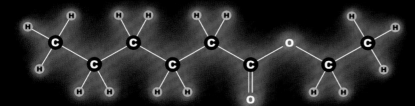

▲ 己酸乙酯

▶ 丁酸乙酯

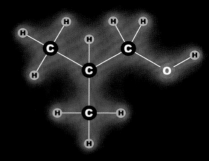

▲ 2-甲基-1-丙醇

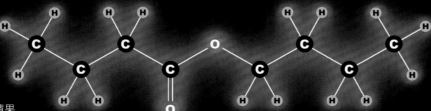

▶ 丁酸丁酯，爛蘋果
的主要氣味

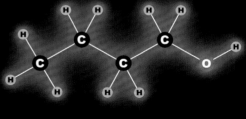

▲ 1-丁醇

▶ 2-甲基丁酸乙酯

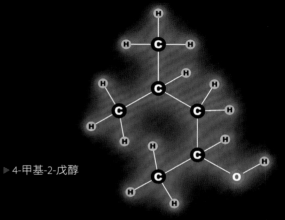

▶ 4-甲基-2-戊醇

▼ 我們誠實點吧：香水的用途九成都是為了吸引力。香水工業的說法都太誇大了，讓人覺得人類費洛蒙（用來吸引伴侶的氣味分子）的領域有點不老實。話雖如此，人類就跟動物甚至植物一樣，確實是用氣味分子在彼此之間傳遞訊息。雖然說除非你笨極了，才會直接反映某人香水擦得太濃，但香水的絕妙之處在於無論你多聰明，有時候它都會讓你變笨。

◀ 費洛蒙產業充滿可疑主張，這個產品說它富含雄二烯酮和幾種相關化合物，因為有一些跡象顯示，它們可能與人類之間的吸引力有關。

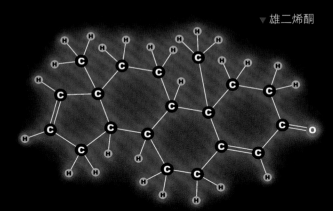

▼ 雄二烯酮

▶ 說到昆蟲，牠們的生命毫無疑問是由化學物質費洛蒙掌控的。這種有威力的費洛蒙，是蠶蛾所用的長鏈碳氫化合物：蠶蛾醇。只要幾乎看不見的一丁點兒，就可以把蠶蛾從幾百公尺外吸引過來。好吧我承認，右圖中的蛾不是代表蠶蛾醇的蠶蛾，而是巨皇蛾，它完全名副其實，相片大約是實體尺寸。

▼ 蠶蛾醇

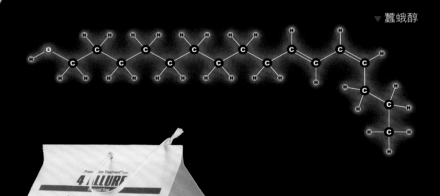

◀ 人類受到有魅力的潛在伴侶的氣味吸引時，至少有時能夠抵抗陷入危險情境的衝動。昆蟲稍微不聰明一點，本質上沒有任何力量能夠抵抗這股衝動，這使得昆蟲的費洛蒙成為受歡迎的陷阱誘餌——這不正是「上鉤調包」*的手法嘛！

*譯注：「上鉤調包」（bait and switch）是一種欺騙型的銷售手法，以廉價商品廣告吸引顧客前來，再設法誘導顧客購買高價的其他商品。

雌性巨皇蛾

▶螞蟻使用許多種碳數在二十三到三十一之間的直鏈碳氫化合物做為氣味標記。一個群落的螞蟻會分泌特定組成的化合物，讓牠們採集食物後可以有效率的辨識自己的巢穴、有效率的回巢。螞蟻的小腦袋裡沒有足夠的神經元讓牠們「懷念」任何東西，不過要是牠們真的有感覺，這些化合物就代表了家的舒適感，如同我們回到熟悉且安全的所在時，其他種更複雜多變的分子讓我們有發自內心的舒適感。對螞蟻來說，這些分子就是家的氣味。

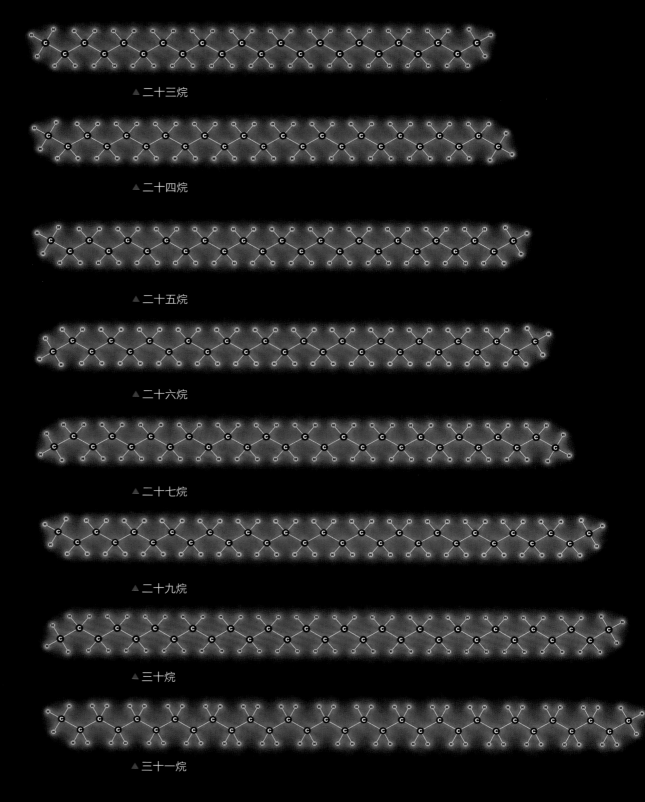

▲二十三烷

▲二十四烷

▲二十五烷

▲二十六烷

▲二十七烷

▲二十九烷

▲三十烷

▲三十一烷

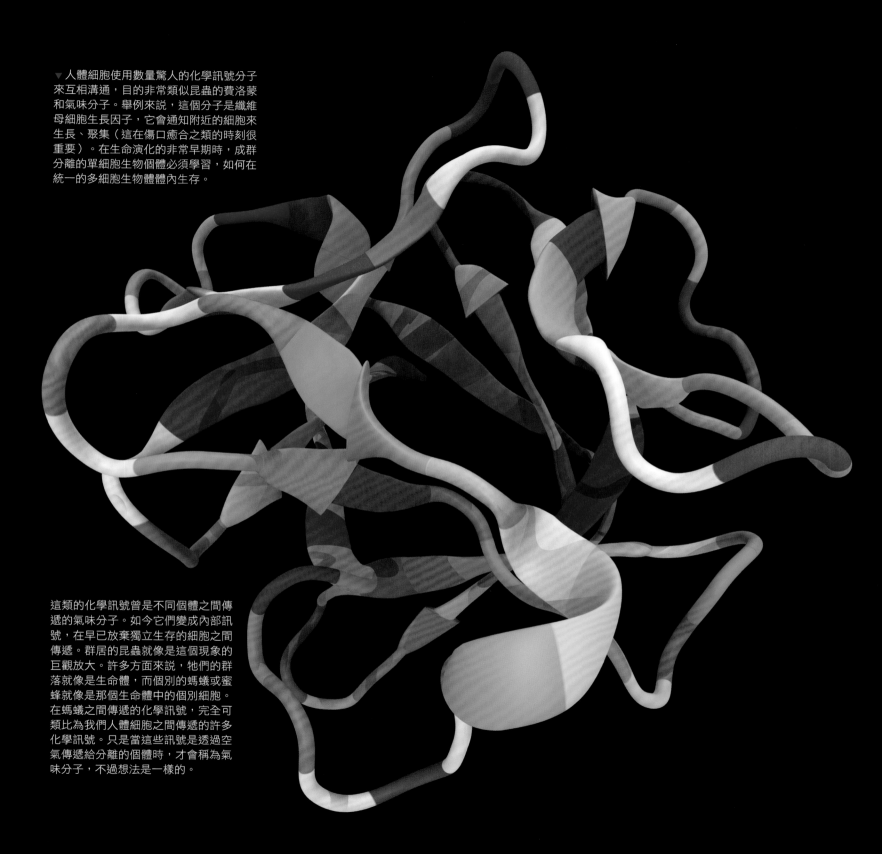

人體細胞使用數量驚人的化學訊號分子來互相溝通，目的非常類似昆蟲的費洛蒙和氣味分子。舉例來說，這個分子是纖維母細胞生長因子，它會通知附近的細胞來生長、聚集（這在傷口癒合之類的時刻很重要）。在生命演化的非常早期時，成群分離的單細胞生物個體必須學習，如何在統一的多細胞生物體體內生存。

這類的化學訊號曾是不同個體之間傳遞的氣味分子。如今它們變成內部訊號，在早已放棄獨立生存的細胞之間傳遞。群居的昆蟲就像是這個現象的巨觀放大。許多方面來說，牠們的群落就像是生命體，而個別的螞蟻或蜜蜂就像是那個生命體中的個別細胞。在螞蟻之間傳遞的化學訊號，完全可類比為我們人體細胞之間傳遞的許多化學訊號。只是當這些訊號是透過空氣傳遞給分離的個體時，才會稱為氣味分子，不過想法是一樣的。

▶ 很多香水、蠟燭、線香等有香味的東西，味道都是來自「精油」。這些是花、種子、樹葉、香草等的萃取物，含有各種揮發性有機化合物的混合物。例如，沒藥烯是佛手柑、薑和檸檬油的部分氣味，而桉油醇則是薰衣草、胡椒薄荷和尤加利樹的部分氣味。萃取精油時，要把花或其他芳香來源先浸泡於某種混合溶劑（通常包括醇類），以得到可溶解的成分。接著把溶劑蒸餾或揮發掉，以提高想萃取的分子濃度。同樣的化合物在這些精油中會一再出現，但是比例略有不同。

▼ 植物的萃取物蒸餾是一門精巧的藝術，這個蒸餾器是業餘嗜好的規模。蒸餾就是經過控制的揮發與凝結過程，讓你從混合物中分離出沸點不同的成分。由於氣味分子一定都有揮發性，因此幾乎總是可以用這種方法把它們分開及分離出來。

▼ 樟腦是薰衣草和迷迭香精油的成分之一。

▼ 桉油醇和樟腦都是雙環化合物，但結構上的小差異讓桉油醇在室溫下處於液態。無論如何，它通鼻的效果就跟樟腦一樣好。

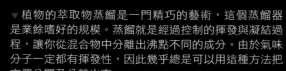

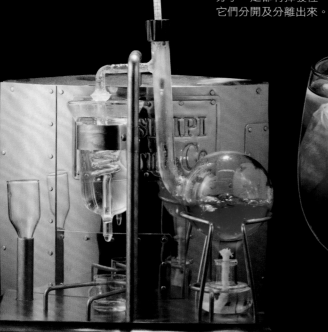

▶ 桉油醇在結構上類似樟腦，出現在薰衣草、胡椒薄荷，當然還有尤加利精油裡。

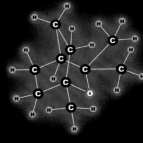

◀ 在精油中，有效香氣分子通常只占幾個百分比，其他的都是非揮發或揮發性低的油類。但其中的關鍵成分也能以純物質形式存在。例如樟腦是氣味濃厚的固體，它的通鼻效果是別的東西難以匹敵的（所以會用在感冒藥方中）。大約在一兩個月內，這些樟腦塊就會緩慢昇華掉，什麼都不剩。

▶ 沒藥烯在佛手柑、薑、和檸檬油中都有，對它們的氣味也有所貢獻。每一種精油都含有十幾種這類型的化合物。有些化合物只會出現在一種精油中，有些則在許多種精油中都有。

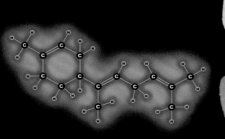

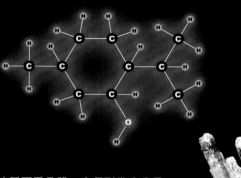

▶ 薄荷醇是胡椒薄荷和綠薄荷油的成分，香菸裡也有薄荷醇。

▶ 純薄荷醇會形成這種可愛晶體，會長到幾公分長，帶有強烈清晰的薄荷醇香氣。它們真的很可愛，也很特別，因為這麼大的單晶通常是沒有任何氣味的。

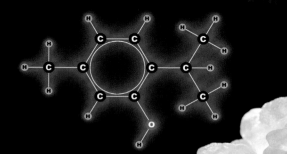

▶ 瑞香酚為瑞香草（百里香）帶來獨特香氣。

▶ 這些小塊聞起來有強烈的青草味。這不令人吃驚，因為它們是瑞香酚，是經過萃取、蒸餾與結晶的百里香的香精。

▼ 氣味分子就定義來講，幾乎一定是小分子，揮發性才足以讓它可以進入鼻子。這個例子已經接近極限了，它總共有四十二個原子，排列成不尋常的大型環狀結構。（絕大多數的有機環都是六員環，也有不少是五員環或七員環，但很少會小於五員環或大於七員環。這一個分子環中有十七個原子。）我完全沒概念這東西聞起來是什麼味道，而且一如既往，即使讀過氣味專家提供的典型描述，我還是毫無概念：「它是絕佳的固香劑，有極高的實質性，但仍以出色的姿態提升了香氣的前調。」（來自瑞士奇華頓（Givaudan）公司，這是一家香精與香料供應商。）

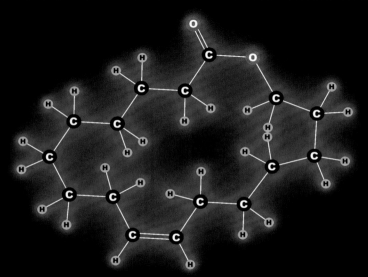

▶ 這個複雜的醇類是龍涎香醇，據香水工業指稱，它是一切氣味中最奇特的一種，是珍貴稀有的龍涎香的主要香氣成分。

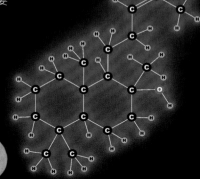

▲ 龍涎香醇是從抹香鯨的嘔吐物（龍涎香）中萃取而來的。它很昂貴，聞起來有點令我作嘔，不過顯然當它跟其他昂貴的香水成分結合時，就會變得很出色。很多最有名的經典香水都含有龍涎香醇。

▼ 龍涎香是一種蠟狀物質，在抹香鯨的胃中生成，可能是有助於排出章魚嘴之類的尖銳物（見第 120 頁）。品質最高的龍涎香從抹香鯨嘴巴或肛門排出後，會在海上漂流數年，要偶然被沖上岸時人類才能蒐集到，然後以每半公斤數萬美金的價格販賣給香水公司（光這一克就花了我 150 美金）。這種就是你無法自己製造的東西。

▶ 香水工業有興趣的不只是鯨魚的排出物，他們還把腦筋動到海狸的屁股上──特別是從海狸肛腺萃取出來的海狸香。這種小動物用它來標誌領土。

很多動物把自己的小便當成香水，我的意思是說，牠們使用小便的方式就跟人類用香水的目的一樣：標示自己是單身或有意求偶，以及影響其他動物的行為。同時因為人類有時也想影響動物的行為，所以你可以買到陣仗驚人，一列排開的瓶裝動物小便。不過我是不推薦啦。（這東西其實真有它的目的：它用來吸引動物到獵人身邊，把動物驅離庭院，還有引發家畜交配。比方說，如果你是體格不太發達的獵人，想要射公鹿，你可以用發情母鹿的小便來吸引那頭公鹿。如果你是飽受兔子困擾的園丁，你可以遍灑牠們天敵的尿來嚇走牠們。）

◀ 我向軍需用品店買這個用橡膠墊圈密封的金屬彈箱，只是為了裝我蒐集的動物小便。它們聞起來太可怕了，而且氣味直接穿透緊閉的塑膠瓶。我無法想像在工廠裝瓶時的味道。

▲ 硫化氫就跟許多含硫的化合物一樣，聞起來很恐怖。更準確的說，是壞掉的蛋跟火山的味道。

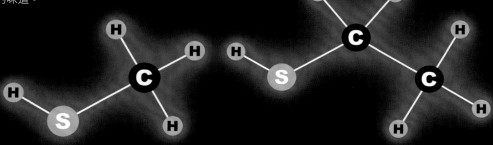

▲ 恐怖的氣味有時有很重要的目的。甲硫醇（methyl mercaptan）和乙硫醇（ethyl mercaptan）不含汞，但英文名字跟汞（mercury）很像。它們是有機硫化合物，並盡全力維持這類分子奇臭無比的名聲。甲硫醇基本上就是屁的味道。而乙硫醇的濃度只要不到 0.5 ppb（1 ppb 是十億分之一）就可以聞得出來，人們並不喜歡這味道。這就是為什麼添加它到天然氣和丙烷中，這些氣體原本是無味的，會有「發現瓦斯漏氣」這回事，都是因為乙硫醇的氣味。要不是有它，發現有問題時，就已經是大規模爆炸了。這種爆炸確實有時會發生，不過通常都是因為沒有人在家，否則當他們聞到乙硫醇的獨特氣味時，要不是解決問題，就是逃走。

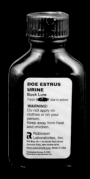

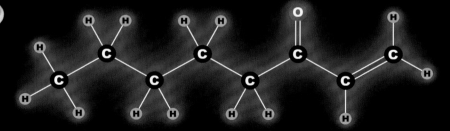

▲ 這個戊基乙烯基酮分子，散發的就是錢
的氣味。它不是從錢本身來的，而是從所
有碰過這些錢的皮膚上來的。

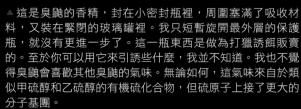

▲ 這是臭鼬的香精，封在小密封瓶裡，周圍塞滿了吸收材
料，又裝在緊閉的玻璃罐裡。我只短暫旋開最外層的保護
瓶，就沒有更進一步了。這一瓶東西是做為打獵誘餌販賣
的。至於你可以用它來引誘些什麼，我並不知道。我也不覺
得臭鼬會喜歡其他臭鼬的氣味。無論如何，這氣味來自於類
似甲硫醇和乙硫醇的有機硫化合物，但硫原子上接了更大的
分子基團。

◀ 究竟吃了蘆筍為什麼會讓你的小便聞起
來很奇怪，有一些爭論。而如果你不覺得
蘆筍會讓你的小便聞起來很奇怪，那是因
為在濃度很低的情況下，不是每個人都聞
得到蘆筍代謝後的產物氣味。他們測試了
328個人才確定了這件事。

▲ 「銅臭味」（特指硬幣）不可能直接來自錢幣本身。金屬絕對是不揮發的，所以不會
進到你的鼻子裡。經過相當多研究後，目前認定錢幣及其他金屬表面的強烈特徵氣味，
來自皮膚油脂經催化後分解成的一些較小揮發性化合物。動物會演化出能辨識金屬特徵
氣味的能力是很有趣的，因為金屬基本上不會在大自然中自由存在。有理論認為，血液
中的鐵會產生很類似的氣味。如果這是真的，那我們確實可說，人類對錢的渴望是一種
嗜血的渴望。

第12章

化合物的多彩世界

你可能注意到了，這本書出現過的白色粉末多到不像話，而且這還是我已經盡了一切努力，尋找替代品拍照後的結果。悲傷的是，幾乎所有的純有機化合物都是白色的。但如果你想想彩色物質需要的條件，就不會太意外了。

白光是由所有色光混合而成的，當我們說某種化合物有顏色，是指它對某種色光（意即某段波長範圍的光子）的反射力勝過其他色光。

例如，如果某個分子主要吸收的是藍光，那它看起來會是黃色的，因為它反射的黃光較多，而藍光被吸收掉了。

但可見光只占了整個可能波長範圍的一小部分。一個分子吸收的光子可以是整個電磁波光譜的任意一處，從微波到最高能的X光，但只有當它在可見光波長範圍的吸收度有變化時才會有顏色。

於是這就變得不太常見了。大多數的分子都只會吸收能量高於可見光光譜的紫外光。這個世界在我們眼中多采多姿，不是因為不同顏色的化合物很多，而是因為僅有的少數幾種就很有用。要顯色是要有「專業」的，有顏色的化合物會反覆出現一些特定的分子結構，而我們的眼睛當然早已演化成可以辨識周遭大自然中常出現的例子。

黃是硫化砷，
型的黃色繪畫
，也有一點毒

磁波光譜非常寬，跨越了將近十五個數量級（意思是大小最差到 1,000,000,000,000,000 倍），從無線電波到高能伽馬射線都只有用對數刻度才能看得出可見光所在的範圍。我們通常會特意可見光的光譜，但分子才不管。它們可以吸收的光子範圍更從微波（正是微波爐的原理）到X光（正是醫學X光掃描的原理）都有。而原子核的密度更高，可以吸收更高能量的光譜。

▶ 有些花在紫外光下看起來會截然不同，這是因為蜜蜂可以辨識的紫外光光譜比我們寬，而花呈現顏色或圖案是為了它們自己的生存優勢，不是我們。許多有機化合物，都會部分吸收蜜蜂可以辨識的紫外光，所以雖然幾乎所有的有機化合物在我們眼中都是白色的，在蜜蜂眼中則有一些是彩色的。是什麼顏色呢？我們沒有任何字彙能夠形容這些色調。要描述這些顏色的名字，只能用蜜蜂訴說飛行路線與沿途所見的花朵時使用的舞蹈語言。

| 無線電波 | 微波 | 兆赫波 | 可見光 | 紫外光 | X光 | 伽馬射線 |

挑個德國分子來畫畫

最鮮豔、最豐富、最多樣的顏料都來自特定的有機化合物，包括天然物和合成的分子。許多有機染料都有驚人的強烈色度。我有一個小湖，容量大約是四百萬加侖，每年我都會在湖裡倒一些溶液，裡頭大約有2公斤某種特別的藍綠色染料混合物，用來控制藻類生長（不然湖會變得很噁心）。只要150 ppb（1 ppb 為十億分之一）的濃度，就能讓整個湖變成可愛的水藍色。

當光子和有機分子中的電子作用時，有機分子會吸收光，同時把某個電子暫時移開原位。這需要能量，又因為光子所含的能量取決於它的顏色，不同的電子需要不同顏色的光子才能移動，就看這些電子和分子的鍵結有多強。紅色的光子能量最低，再來是綠色、藍色，最後

是紫色的光子，紫光是可見光範圍內能量最高的。紫外光的光子能量更高。X光的光子能量高到我們通常不再稱呼它們為一般的光了。

鍵結非常緊密的電子只能以高能紫外光，甚至X光才能移動。大多數化合物內的大部分電子都是如此緊密結合，因此會呈現白色。但是分子可以打造成具有各種鍵結強度的電子，包括只會選擇性吸收某些色光，而不吸收其他色光的分子。

有幾種特別常見的分子結構，其中的電子具有恰好的鍵結強度，那就是染料家族。只要在活性中心周圍改變原子的連接，就可以微調電子的鍵結強度，也就可以調整它在可見光譜中呈現的顏色。

▶ 靛藍染料在各地的文化傳統中都占有一席之地，也是許多世紀以來重要的全球交易物品。這件日本傳統和服用到靛藍染料。

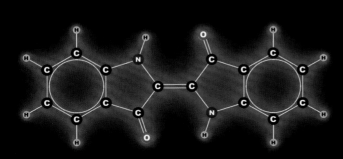

▲ 靛藍是典型的天然染料，它的顏色來自於可愛的對稱結構中心那三個雙鍵。位於分子中心互相靠近的氫原子和氧原子，並沒有形成強烈的鍵結（所以沒用線連起來）。但是它們形成了所謂的「氫鍵」，使分子維持平面，也使分子中心的三個雙鍵全都在同一平面上，其中的電子只要一點能量刺激，就能在三個雙鍵之間自由移動，結果剛好對應到橘光的範圍（它會吸收橘光，而你看到的是剩下的靛藍色光）。

▲ 過去，靛藍染料來自熱帶地區生長的植物木藍（以及一些相關品種）。它曾驅動航海時代的海運貿易，因為歐洲人非常渴望這種稀少又強烈的藍色。今天，你還是能向印度直接訂購天然木藍葉粉末（當然是透過 eBay，還有是用飛機運送，而不是用高桅帆船）。木藍葉粉末呈綠色，而且含的不是靛藍，而是一種相關化合物，稱為靛苷。當靛苷粉末加水加熱時，會轉換為吲哚酚，這是可溶於水的無色化合物。吲哚酚和空氣接觸會氧化成靛藍染料，它不溶於水，所以會附著於織品上。

▲ 現在使用的靛藍幾乎全部是合成的。現在合成的產量約等同於 1897 年時從植物提煉而來的產量，在那之後染料市場就崩盤了。（你或許會以為現在合成的量會大得多，因為人口多了很多。但是現在染料的選擇也更多，過去靛藍幾乎是藍色的唯一選擇。）尋求靛藍等新型合成染料的經濟合成方法，是十九世紀後半葉有機化學工業發展的主要驅動力，而且也成功了。從1897年第一個市售合成染料問世以來，拜強大的經濟力量所賜，十五年內，植物提煉的染料幾乎絕跡。

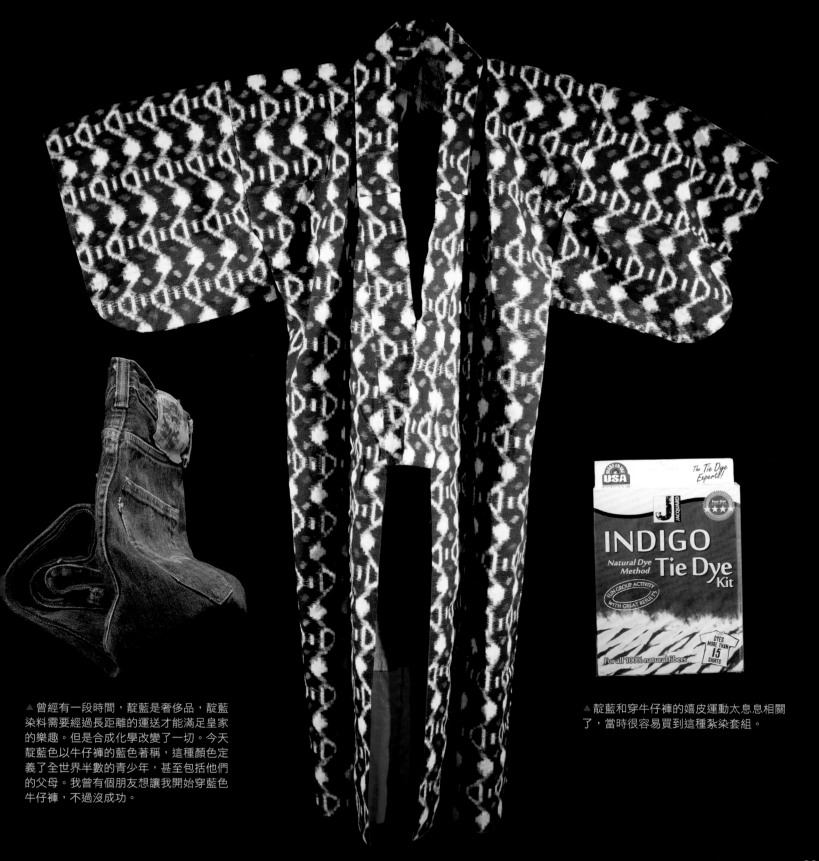

▲ 曾經有一段時間，靛藍是奢侈品，靛藍染料需要經過長距離的運送才能滿足皇家的樂趣。但是合成化學改變了一切。今天靛藍色以牛仔褲的藍色著稱，這種顏色定義了全世界半數的青少年，甚至包括他們的父母。我曾有個朋友想讓我開始穿藍色牛仔褲，不過沒成功。

▲ 靛藍和穿牛仔褲的嬉皮運動太息息相關了，當時很容易買到這種紮染套組。

挑個德國分子來畫畫

木槿紫（包含了這個分子和另外三種非常相似的結構）是最早期的合成有機染料，因為合成的起始物是苯胺，也稱為苯胺染料。1856年，木槿紫的意外發現引發了德國科學界與工業界在有機化學上的大量研究，讓德國直到今天，在化學工業中都取得領先。

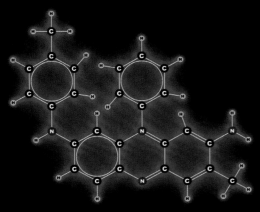

木槿紫在維多利亞時期的英國造成一股旋風，連尊貴的維多利亞女王（這個時期正是以她命名）都穿著以這種新潮染料染色的洋裝。

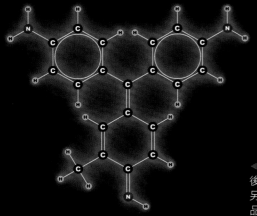

在木槿紫出現之後不久，也發現了另一種苯胺染料「品紅」，能有效率的從煤焦油中生產出苯胺，使非常多種類的化合物，都能以各種合成途徑製成，因此變得很便宜。

品紅是恩格爾霍恩（Friedrich Engelhorn, 1821-1902）合成的第一個化學染料分子。恩格爾霍恩創立了後來的巴斯夫股份公司（BASF Corporation），該公司現在是全世界最大的化學藥品公司。1860年代德國的有機化學就如同今天矽谷的資訊產業，恩格爾霍恩當然是在自家廚房合成出這個化合物的（那時汽車還沒發明出來，所以他還沒有車庫可以工作。）*雖然大家都知道品紅是一種粉紅色的染料，但它乾燥時其實是綠色的，只有溶解時才是紅色的。

*譯注：矽谷許多成功的科技或資訊公司一開始都是在車庫創業的。

品紅用於絲綢染色時特別有用，而絲綢在製作領帶時特別有用。領帶倒是沒什麼用。

▶ 苯胺本身不是染料，但它是製造許多有機染料的有用起始物。它也是巴斯夫股份公司德文名稱 Badische Anilin- und Soda-Fabrik 的來源。Badische 意思是「來自巴登（Baden）」，巴登是德國巴登—符登堡邦的一個區域；Anilin 就是苯胺分子；Soda 意思是碳酸氫鈉；而 Fabrik 是工廠的意思。巴斯夫公司現在製造更多不同的化合物了，但是從公司名字可以看出一百五十年前，他們重要的產品是什麼！

▶ 這罐「水之影」（Aquashade）牌子的除藻劑，只要四加侖就可以讓我湖裡四百萬加侖的湖水變藍，而原液中還只含重量百分比百分之十五的染料。它含有兩種染料組合，吸收的色光正好是藻類行光合作用所需的光波範圍，它不是毒死藻類，而是阻擋它們需要的太陽光能量，彷彿有一層水蔭遮住一樣，以此阻止藻類生長。難怪會取名叫「水之影」。

▼ 亮藍是一個亂七八糟的分子，它有一大堆的環，是常見的人工食用色素，用在藍色冰淇淋等東西食品上。我用它來幫我的池塘染色。

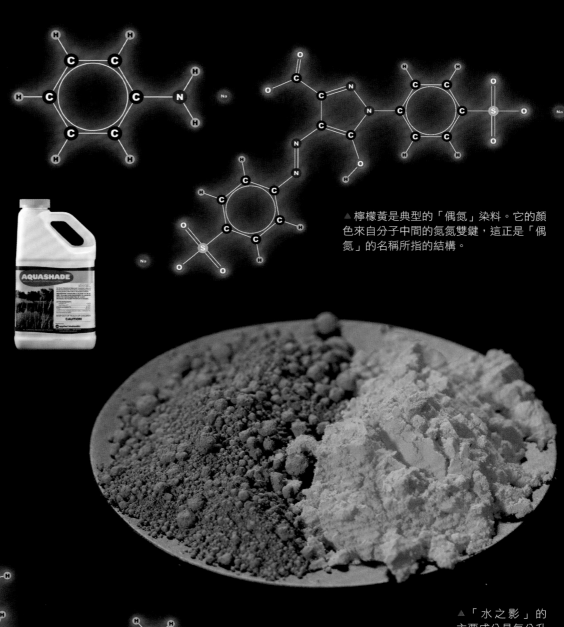

▲ 檸檬黃是典型的「偶氮」染料。它的顏色來自分子中間的氮氮雙鍵，這正是「偶氮」的名稱所指的結構。

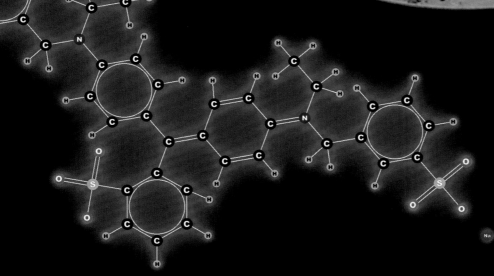

▲「水之影」的主要成分是每公升 133 克的亮藍，亮藍又稱為食用色素藍色一號，在歐洲稱為 E133。另外「水之影」還含有每公升 11 克的檸檬黃，檸檬黃又稱為食用色素黃色五號或 E102。

挑個德國分子來畫畫

▶ 這一些注入水中的各色有機染料，幾乎都已經
過高度稀釋。不然杯中的水差不多會立刻變成黑
色。

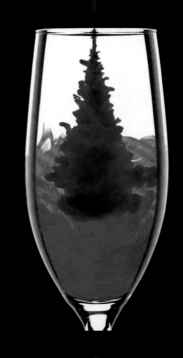
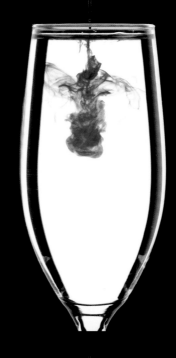

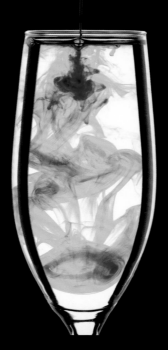

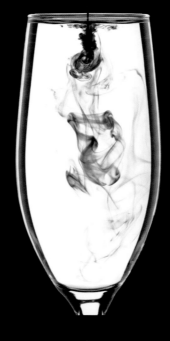

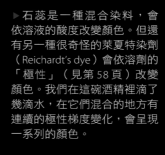

▶ 石蕊是一種混合染料，會依溶液的酸度改變顏色。但還有另一種很奇怪的萊夏特染劑（Reichardt's dye）會依溶劑的「極性」（見第 58 頁）改變顏色。我們在這碗酒精裡滴了幾滴水，在它們混合的地方有連續的極性梯度變化，會呈現一系列的顏色。

▼ 萊夏特染劑是一種稍微具有極性的分子，但當它吸收一個光子時，會把一顆電子移到帶正偶極的一端，讓它整體極性下降。要做到這件事所需的能量，也就是光子的顏色，取決於這個分子處於何種極性大小的溶劑環境。我利用它這個性質拍到一張美麗的照片，但它還有科學上更重要的用途──用來觀測微觀尺度下一個活體細胞各部位的極性大小，這是乍看之下幾乎不可能量測的性質。萊夏特染劑就像是奈米機器偵查員，可以行走於細胞組成的各個分子之間，測量它們的極性，然後以顏色顯示探測的結果。

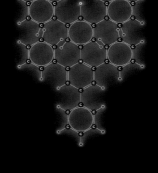

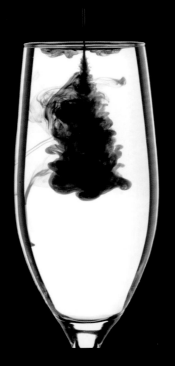

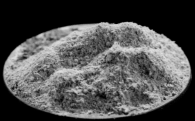

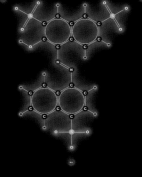

▲ 啊，看我多天真。我訂購了這些金合歡樹根的粉，用來代表天然物的有機色素，沒有察覺到它其實是鞣劑，而非色素。但是我真正沒有想到的是，它還有一種標示外的使用方法，是當成非法藥物的前驅化合物。我現在一定在一大堆政府黑名單上了。

▲ 莧紅的名字雖然很有詩意，卻對人造食品色素的名聲造成不少傷害。它的別名是紅色染料二號，1974 年出現了各式各樣關於它的騷動和指控，後來它被禁用。其中至少有一些指控或許是真的，但是我不知道是哪一些。

可以吃的顏色

食用色素的名聲不好，因為感覺像是要在你的食物中妄自添加一些可能有害的化學物質，這狀況即使在1976年美國禁用了紅色色素二號後也沒有改善。但事實上許多添加在食物中的「食用色素」，確實是名副其實「從食物中提煉而來的色素」。它們也許有害，但若是如此也是天生的，它們在原本的食物中也是有害的，但在食物中時人們會覺得它們本來就存在，而沒有怨言。

其他的食用色素則是合成而來或來自天然礦物，但即使是這樣也沒什麼好疑慮的。食用色素通常不影響到食物的味道，而味覺是非常敏銳的感官，所以只有顏色非常強烈的化合物才有潛力做為食用色素。你添加幾個ppm的食用色素，它也許有害，但通常不如你覺得的那麼有害。食物中還有很多其他更大量的合成或天然物質，更可能有害。

但是無論是對吃到嘴裡或塗在皮膚上的東西（對於塗在皮膚上的東西，通常安全性要求稍微低一些），特別關注安全性測試是合理的。

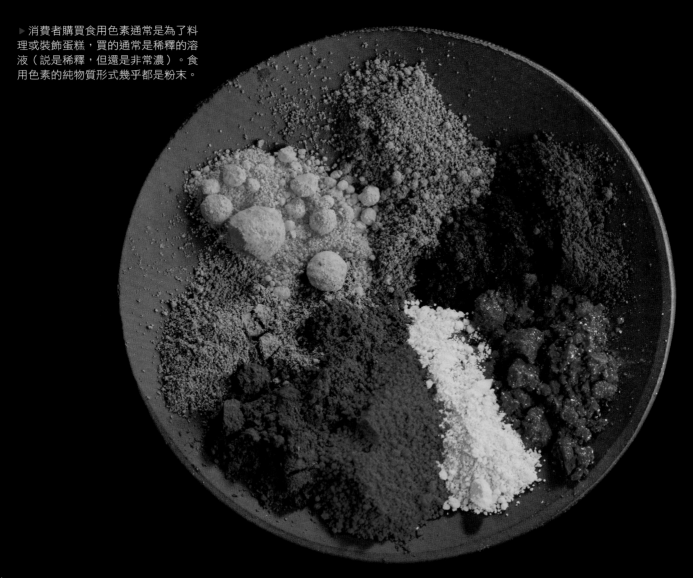

▶ 消費者購買食用色素通常是為了料理或裝飾蛋糕，買的通常是稀釋的溶液（說是稀釋，但還是非常濃）。食用色素的純物質形式幾乎都是粉末。

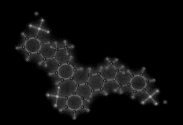

▲ 亮藍（食用藍色一號）

▲ 靛胭脂（食用藍色二號）

▲ α 胡蘿蔔素

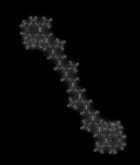

▲ β 胡蘿蔔素

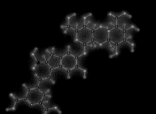

▲ 甜菜紅素

▲ 甜菜黃素

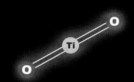

▲ 二氧化鈦

◀ 加工食品中添加的這些染料有一些是合成的，但許多都是從紅蘿蔔和甜菜根中萃取出的天然物質，使用方式和目的跟合成染料並無二致。二氧化鈦是例外，它是全然的無機化合物，用處不是在於顏色，而是在於它不透明。二氧化鈦可以為任何顏色添加白色成分，除了食品以外也廣泛用於繪畫顏料中。

▲ 化妝品中的色素規範，比食用色素鬆一點，但化妝品的染料仍要大致無毒才行，因為不可避免會有微量進入人體內。

◀ 傳統的指甲油基底是溶解在丙酮中的硝化纖維素漆（Nitrocellulose Lacquer）。因為丙酮可以溶解硝化纖維素，所以你同樣用丙酮卸下指甲油。有趣的是，硝化纖維素的別名是火棉：它的純物質形式具有爆炸性，威力強大無異於火藥。丙酮是所有溶劑中最可燃的種類之一，塗指甲油時你是將生命操之在手！確實如字面上說的，是操之在手。

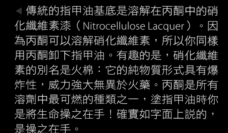

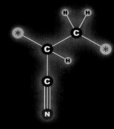

◀ 丙烯腈單體

▼ 聚丙烯腈廣泛使用在油漆、膠水，還有光固化指甲油上。

▶ 硝化纖維素單體

▼ 硝化纖維素聚合物

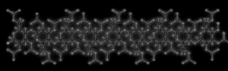

▲ 硝化纖維素和纖維素（棉花和許多植物纖維中的基本聚合物）很類似，只不過上頭連接了硝酸根，因此具有爆炸性。

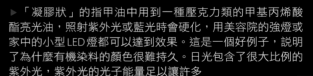

▶ 「凝膠狀」的指甲油中用到一種壓克力類的甲基丙烯酸酯亮光油，照射紫外光或藍光時會硬化，用美容院的強燈或家中的小型 LED 燈都可以達到效果。這是一個好例子，說明了為什麼有機染料的顏色很難持久。日光包含了很大比例的紫外光，紫外光的光子能量足以讓許多有機分子發生化學變化。如果這個分子是要成為聚合物，光子把它們連接起來算是好事。如果它是染料，而光子打斷了造成它的顏色的化學鍵，則是壞事。

可以吃的顏色

α 胡蘿蔔素和 β 胡蘿蔔素
茄紅素
葉黃素

矢車菊素-3-葡萄糖苷
天竺葵素-3-葡萄糖苷

矢車菊素-3-槐糖苷
矢車菊素-3-（2-葡萄糖苷基芸香苷）

葉黃素、玉米黃素
β-玉米黃質
α 胡蘿蔔素和 β 胡蘿蔔素

葉黃素
葉綠素a和葉綠素b

β 胡蘿蔔素
β 類衍胡蘿蔔素

茄紅素、八氫茄紅素
β 胡蘿蔔素和 ζ 胡蘿蔔素

β 胡蘿蔔素
ζ 胡蘿蔔素

葉綠素a和葉綠素b
β 胡蘿蔔素、菫菜黃質
葉黃素、菫菜黃質

六氫茄紅素
ζ 胡蘿蔔素
玉米黃質
玉米黃質吠哦素

辣椒紅素
β 胡蘿蔔素
菫菜黃質
玉米黃質

仙人掌黃質

甜菜紅

矢車菊素-3-半乳糖苷

α 胡蘿蔔素和 β 胡蘿蔔素、葉黃素

β 胡蘿蔔素
ζ 胡蘿蔔素

菫菜黃質
玉米黃素
葉黃素
β 玉米黃質

矢車菊素-3-芥子醯基-木糖甘基-葡萄糖苷基-半乳糖苷

葉綠素a
葉綠素b

葉綠素a、β 胡蘿蔔素
葉綠素a和葉綠素b、玉米黃素

茄紅素
α 胡蘿蔔素和 β 胡蘿蔔素
β 玉米黃質

葉綠素a和葉綠素b
葉黃素
菫菜黃質
黃體吠哦素

β 玉米黃質
β 胡蘿蔔素

β 胡蘿蔔素、茄紅素

飛燕草素-3-葡萄糖苷
天竺葵素-3-葡萄糖苷

矢車菊素-3-葡萄糖苷
矢車菊素-3-芸香苷

葉黃素
β 胡蘿蔔素
葉綠素a和葉綠素b

矢車菊素3-O-丙二醯基葡萄糖苷

葉黃素
β 胡蘿蔔素

▲ 大自然使用各式各樣的食用色素。一字排開的鮮豔彩色蔬果幾乎涵蓋了整個光譜：葉綠素的亮綠、矢車菊色素配質有毒性的飽和亮紅、飛燕草配質和天竺葵素葡萄糖苷的藍色，還有在這之間許許多多的色調。水果中唯一沒有出現的顏色似乎是一種不帶紫的藍色。順道一提，寒冬時在美國伊利諾州中部，還能以合理價錢買到所有這些蔬果，可說是見證了現代的運輸威力。

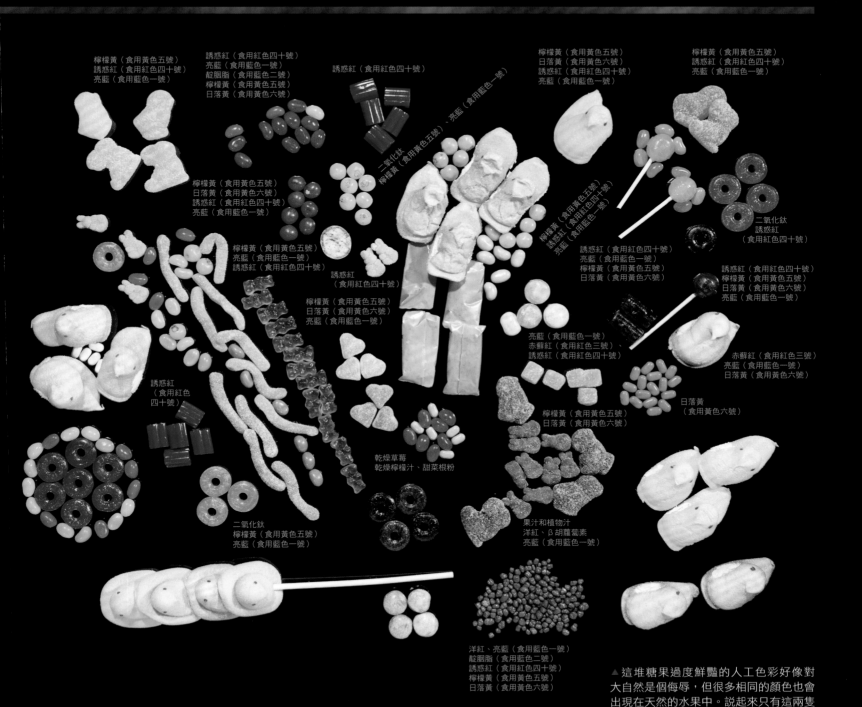

檸檬黃（食用黃色五號）
誘惑紅（食用紅色四十號）
亮藍（食用藍色一號）

誘惑紅（食用紅色四十號）
亮藍（食用藍色一號）
靛胭脂（食用藍色二號）
檸檬黃（食用黃色五號）
日落黃（食用黃色六號）

誘惑紅（食用紅色四十號）

檸檬黃（食用黃色五號）
日落黃（食用黃色六號）
誘惑紅（食用紅色四十號）
亮藍（食用藍色一號）

檸檬黃（食用黃色五號）
誘惑紅（食用紅色四十號）
亮藍（食用藍色一號）

二氧化鈦
檸檬黃（食用黃色五號）、亮藍（食用藍色一號）

檸檬黃（食用黃色五號）
日落黃（食用黃色六號）
誘惑紅（食用紅色四十號）
亮藍（食用藍色一號）

檸檬黃（食用黃色五號）
誘惑紅（食用紅色四十號）
亮藍（食用藍色一號）

二氧化鈦
誘惑紅
（食用紅色四十號）

檸檬黃（食用黃色五號）
亮藍（食用藍色一號）
誘惑紅（食用紅色四十號）

誘惑紅
（食用紅色四十號）

誘惑紅（食用紅色四十號）
亮藍（食用藍色一號）
檸檬黃（食用黃色五號）
日落黃（食用黃色六號）

誘惑紅（食用紅色四十號）
檸檬黃（食用黃色五號）
日落黃（食用黃色六號）
亮藍（食用藍色一號）

檸檬黃（食用黃色五號）
日落黃（食用黃色六號）
亮藍（食用藍色一號）

誘惑紅
（食用紅色
四十號）

亮藍（食用藍色一號）
赤蘚紅（食用紅色三號）、
誘惑紅（食用紅色四十號）

赤蘚紅（食用紅色三號）
亮藍（食用藍色一號）
日落黃（食用黃色六號）

檸檬黃（食用黃色五號）
日落黃（食用黃色六號）

日落黃
（食用黃色六號）

乾燥草莓
乾燥檸檬汁、甜菜根粉

果汁和植物汁
洋紅、β 胡蘿蔔素
亮藍（食用藍色一號）

二氧化鈦
檸檬黃（食用黃色五號）
亮藍（食用藍色一號）

洋紅、亮藍（食用藍色一號）
靛胭脂（食用藍色二號）
誘惑紅（食用紅色四十號）
檸檬黃（食用黃色五號）
日落黃（食用黃色六號）

▲ 這堆糖果過度鮮豔的人工色彩好像對
大自然是個侮辱，但很多相同的顏色也會
出現在天然的水果中。説起來只有這兩隻
Peeps 牌的紫色復活節小雞棉花糖，是真
的超出水果調色盤的顏色。

可以吃的顏色

▶ 天然食物中的色素分子，尺寸通常比合成的食用色素分子大。有些除了顯色以外還有重要的功能（有名的例子有，葉綠素吸收陽光來產生化學能量）。有些分子還對你有好處，比方說 β 胡蘿蔔素，人體可以把它轉換成維他命 A。其他種類，例如來自紅色甜菜根的甜菜紅，在高劑量下可能會有毒性。

▷ α 胡蘿蔔素

▲ 赤蘚紅（食用紅色三號）

▲ β 胡蘿蔔素

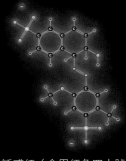

▲ 誘惑紅（食用紅色四十號）

▲ 檸檬黃（食用黃色五號）

▲ 日落黃（食用黃色六號）

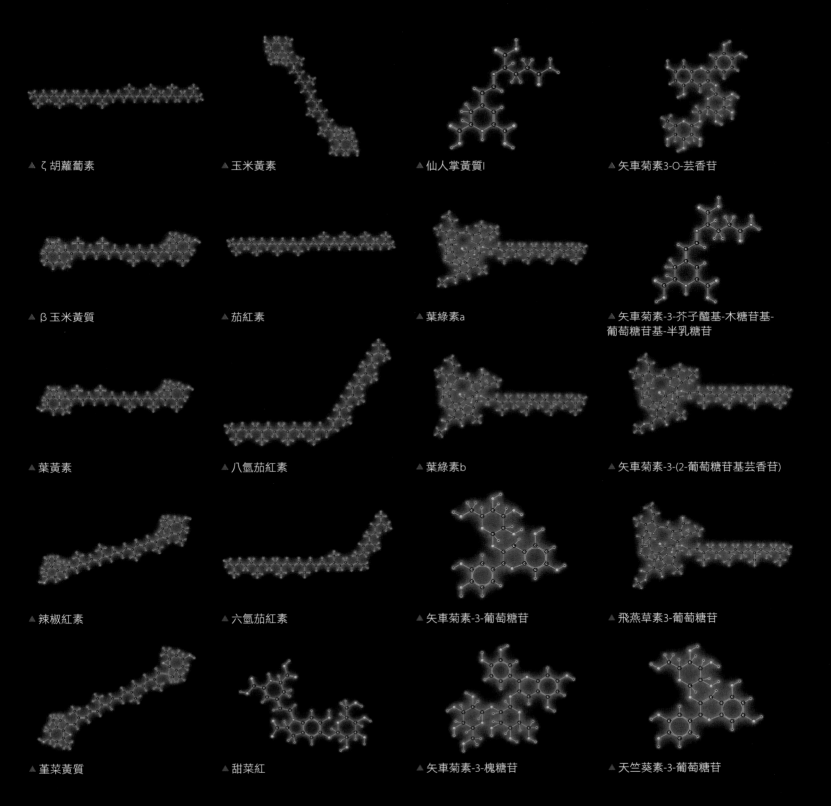

▲ ζ 胡蘿蔔素　　　　▲ 玉米黃素　　　　▲ 仙人掌黃質I　　　　▲ 矢車菊素3-O-芸香苷

▲ β 玉米黃質　　　　▲ 茄紅素　　　　▲ 葉綠素a　　　　▲ 矢車菊素-3-芥子醯基-木糖苷基-
葡萄糖苷基-半乳糖苷

▲ 葉黃素　　　　▲ 八氫茄紅素　　　　▲ 葉綠素b　　　　▲ 矢車菊素-3-(2-葡萄糖苷基芸香苷)

▲ 辣椒紅素　　　　▲ 六氫茄紅素　　　　矢車菊素-3-葡萄糖苷　　　　▲ 飛燕草素3-葡萄糖苷

▲ 菫菜黃質　　　　▲ 甜菜紅　　　　▲ 矢車菊素-3-槐糖苷　　　　▲ 天竺葵素-3-葡萄糖苷

歷久彌新的藝術

許多有機物染料長久以來的問題在於不耐光照。這些染料日久會褪色，原因正是在於它們會吸收可見光，而不是把光反射、偏折或讓光完全穿透，因此也容易受到光的傷害。這些染料分子的顏色來自本身細緻的結構，如果結構損害，就不再顯色了。

但還有另一種方式可以讓物質選擇性的吸收可見光：使用無機化合物晶體結構造成的能階差。無機晶體因為晶體中的原子運動有一致性，幾乎完全不會受光的損害。即使光照會使原子稍微移位，也移動不遠。晶體的限制使原子必須很快回到原本的位置。

藝術家創作油畫、壁畫等要恆久保存的藝術品時，所使用的經典顏料常常都是簡單的無機化合物，它們的顏色持久，只要化合物的元素組成維持固定，基本上不會褪色。問題在於無機色素能提供的顏色範圍有限，特別缺少鮮豔的高飽和色調，而這些比較漂亮的顏色，很多都是從高亮度石頭碾碎而來。這些石頭又稱為「寶石」或至少是「半寶石」。從石頭來的色素有些非常昂貴，青金石就是一例。這說明了為什麼從前有些顏色是有錢人才能使用，這種情況直到合成的有機染料提供了一整個光譜的彩色顏料，才有了改變。

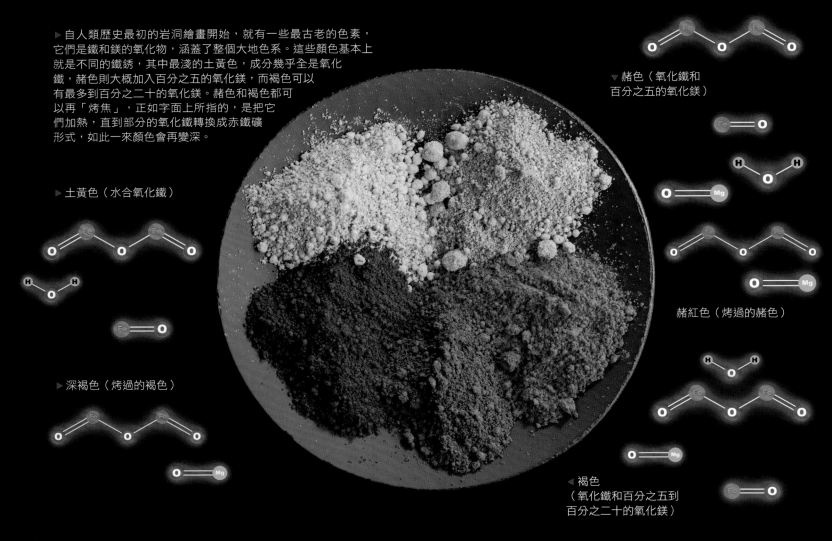

▶ 自人類歷史最初的岩洞繪畫開始，就有一些最古老的色素，它們是鐵和鎂的氧化物，涵蓋了整個大地色系。這些顏色基本上就是不同的鐵銹，其中最淺的土黃色，成分幾乎全是氧化鐵，赭色則大概加入百分之五的氧化鎂，而褐色可以有最多到百分之二十的氧化鎂。赭色和褐色都可以再「烤焦」，正如字面上所指的，是把它們加熱，直到部分的氧化鐵轉換成赤鐵礦形式，如此一來顏色會再變深。

▶ 土黃色（水合氧化鐵）

▶ 深褐色（烤過的褐色）

▼ 赭色（氧化鐵和百分之五的氧化鎂）

赭紅色（烤過的赭色）

◀ 褐色（氧化鐵和百分之五到百分之二十的氧化鎂）

▼ 某些金屬鹽類和氧化物是無機調色盤中少數幾種鮮豔濃烈的
色彩。梵谷畫了很多黃色的花朵，也許不只是因為他喜歡黃色的
花，也因為他手邊有鎘黃這種顏料。它具有高毒性，但是……藝
術嘛。

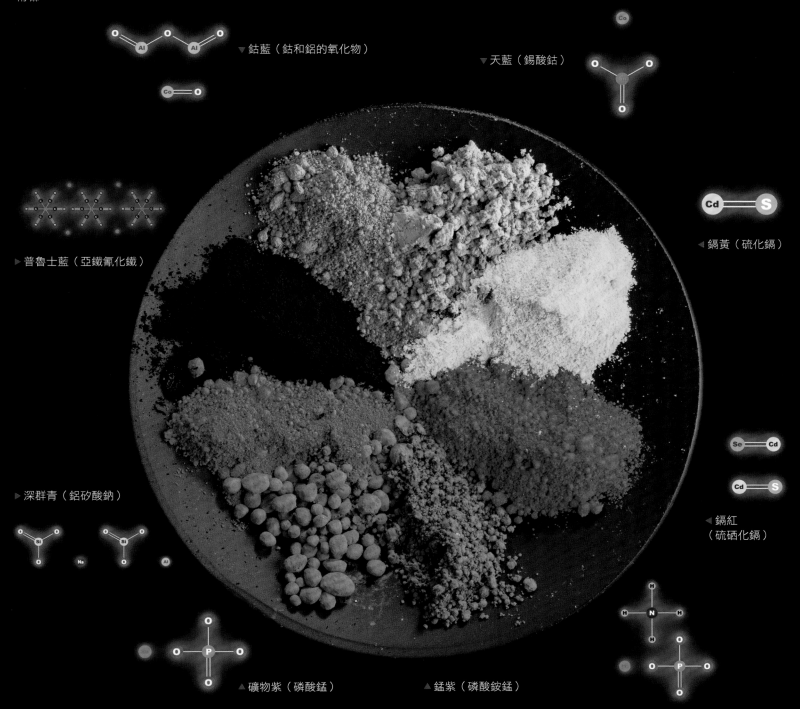

▼ 鈷藍（鈷和鋁的氧化物）

▼ 天藍（錫酸鈷）

▶ 普魯士藍（亞鐵氰化鐵）

◀ 鎘黃（硫化鎘）

▶ 深群青（鋁矽酸鈉）

◀ 鎘紅
（硫硒化鎘）

▲ 礦物紫（磷酸錳）

▲ 錳紫（磷酸銨錳）

歷久彌新的藝術

▶ 半寶石曾經是鮮豔彩色顏料的主要來源。其中一些無比昂貴，只會用在一幅畫中最重要的圖案上，例如青金石。其他種類例如方鉛礦、朱砂和雄黃，分別是鉛、汞和砷的鹽類，提供了顏色與毒性各異的顏料。

▲ 孔雀石（鹼式碳酸銅）

▲ 綠松石
（銅和鋁的磷酸鹽）

▲ 方鉛礦（硫化鉛）

▲ 雄黃（硫化砷）

▲ 藍銅礦（銅的碳酸鹽）

▲ 朱砂（硫化汞）當顏料時稱為朱紅

▲ 青金石是一種混合的礦物，其中包含了天青石。當顏料時稱為群青色。

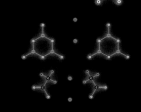

▲ 說到有毒的顏料，巴黎綠值得一提。它的成分是醋酸亞砷酸銅，化學式為 $Cu(C_2H_3O_2)_2 \cdot 3Cu(AsO_2)_2$。它的毒性相當高，在藝術以外的主要用途是拿來殺昆蟲和老鼠（兩克就足以使人致死）。它和相關的有毒顏料「謝勒綠」（Scheele's Green），在維多利亞時期用在壁紙上。時髦的綠色牆壁造成許多人生病或死亡，因為潮濕的天氣使牆面漸漸釋出有毒顏料。有解決方法嗎？搬到乾燥的地方，遠離那面毒牆。

▶ 黑檀木和象牙在琴鍵上或許是相反的顏色，但在染料世界中，「象牙」指的也是黑色。象牙黑從前是用真正的象牙在高熱下燒焦成純正的深黑色，現在已經極少這麼做了。今天這種染料幾乎都是來自燒焦的骨頭，甚至不是用大象的骨頭。石墨或煤灰也可以做出非常類似的染料，兩種都幾乎是純碳（骨頭和象牙還含有一些磷酸物）。白色染料有幾種選擇，最普遍的是二氧化鈦。這種材料用在許多繪畫中，不是因為它是白色的，而是因為它很適合拿來讓繪畫變得不透明。如果某種房子油漆的「覆蓋力」很好，不管這個漆是什麼顏色，都很有可能就是裡頭添加了很多二氧化鈦。

▼ 傳統中國水墨顏料是由一系列的天然有機和無機染料製成的，加上接著劑讓它附著在粗糙的紙張表面上。理想的染料，定義上就是以古老方法製成的染料，因為這種藝術表現風格已經具有兩千年延續不斷的傳統。這讓這個寬廣又生動的調色盤格外出色了。

▼ 二氧化鈦

▼ 象牙黑（碳）
石墨

▲ 氧化鋅　▲ 碳酸鈣

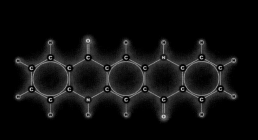

▶ 以前有機染料的缺點是不耐曬，但高科技的有機色素具有堅固的分子結構，可以承受光子的撞擊，甚至是陽光直射的高能紫外光。喹吖酮紅有五個堅固連接的環，它用於戶外標誌和汽車油漆上，這對於色素來說是最艱困的環境。雖然具有這麼強的化學鍵（通常不會吸收可見光）卻還是能顯色，因為它的晶體結構會讓分子有某種排列方式，使電子可以在不同分子間躍遷，也就是說，它的顏色是來自固態的一種現象，而不像大多數有機染料是來自分子的性質。它的穩定性還是不如赭土這類染料，赭土永遠都是大地色，只要地球還在，且維持原樣，只要還有一隻眼睛看得到這種顏色，一個靈魂聽得到它的名字，它都不會改變。

▲ 喹吖酮看起來穩定，而且確實很穩定。這些環狀結構都是分子世界中的中流砥柱，它們的鍵結很強，不太會和任何東西反應，也不太想和光發生交互作用，甚至跟紫外光也不作用。但是這個分子卻是一種色素。

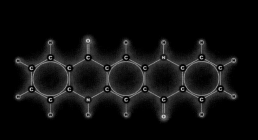

化合物的多彩世界 215

我恨那個分子

我在這一章要說的是一些讓人非常非常生氣的化合物。我不是指那些明顯有害而被痛恨的分子。我說的是一些捲入政治漩渦的化合物，產生的愚蠢後果綿延數代，也指出一些展現出人性中最壞一面的分子，人類的貪婪與短視造成了苦難與不公義。

二十一世紀早期遭霸凌的模範分子是硫柳汞，這個分子在一些疫苗配方中是當成殺菌和抗真菌的成分。問題始於 1998 年發表的一個研究，主旨是尋找孩童疫苗接種與自閉症的關聯。這個研究從一開始就廣受懷疑與批評，但直到十二年後才被期刊全然撤回，但這時反孩童接種運動已經興起了。要計算這個運動可能導致了多少孩童死亡是很困難的，但人數很可能是在幾百，甚至有可能超過千人。

至於接種了含硫柳汞的疫苗，後來發展出自閉症的孩童人數就很容易計數了：一個都沒有。

，當大家在尋找孩童
原因時注意到硫柳汞。
嚇人的。有看到中間的
，更糟的是，它是連
汞。汞右邊的東西叫做
就是帶有一個硫原子的
酸）。汞左邊的東西是
那是乙基（含兩個碳）
分開，就會得到一個乙
還沒嚇到你，表示你還

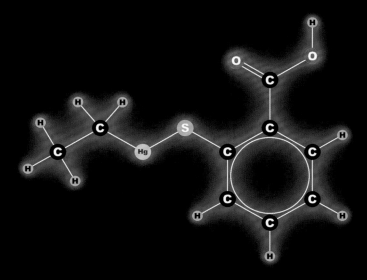

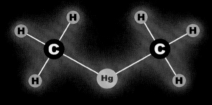 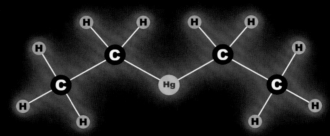 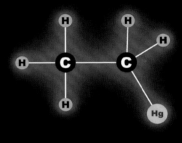

▲ 在腦中累積的二甲基汞和二乙基汞，即使是低濃度都會造成嚴重的神經系統損傷。它們屬於已知神經毒性物質中最毒的一類。因為它們會在人體內存留很長時間，而且容易累積，所以每一次的暴露都是問題。它們也會累積在動物的脂肪組織中。有些從燃煤發電廠等處釋放出來的汞，最後會轉變成這類的化合物，然後再透過鮪魚回到我們體內。基於這些理由，有很大的努力都在限制汞在環境中的釋放。但是這些化合物中沒有任何是來自硫柳汞，只是看起來好像有這種可能而已。

▲ 當硫柳汞在人體中分解時，有一個產物是乙基汞離子。那太駭人了。如果它再經某種方式轉為二乙基汞或任何類似的有機汞化合物，就會造成真正的問題。不過所有跡象都顯示，這些過程不會發生。有關此現象已有超級精細的調查，似乎可以確定這個離子在幾週內，就會由人體排除，來不及發生這類可讓汞留存在環境中長達數年的轉變過程。但你不會希望長時間攝取大量乙基汞離子，那就會是拿自己的命開玩笑，因為其中可能會有一些殘留得夠久，而造成危害。不過一生中用不到十次的小劑量？不，那不會有問題的。

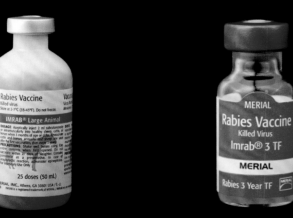

▲ 雖然硫柳汞看起來完全無害，但為什麼它一開始會用在疫苗裡呢？為什麼不把它移除以解決問題呢？1928 年，二十一個孩子接種了不含硫柳汞的白喉疫苗，有十二個死於細菌感染。這是會引起大眾注意的那類新聞。硫柳汞是當時唯一已知可以保持多劑型瓶裝疫苗效力，又能預防危險的感染性微生物汙染的物質。如果你希望能以節省成本的方式施行世界級的大量疫苗接種，你有兩個選擇：用或不用硫柳汞。如果你選擇不用，就會眼看孩子受感染而死，而那原本是可以預防的。反疫苗人士魯莽集結，要求全面停止接種疫苗。但我們不是毫無理由就開始施打疫苗啊！我們無法計算在有疫苗前，這些如今可以預防的疾病，例如白喉，究竟已經奪走多少生命，但僅僅是中世紀，死亡人數就達數千萬。

▲ 有一個簡單的方法可以避免使用硫柳汞：把所有疫苗都採用單劑瓶裝，這可以有效移除感染的可能性。聽起來太棒了，對嗎？沒錯，但這要你很有錢才行。事實上，有能力為孩童施打單劑瓶裝疫苗的富裕國家，基本上已不再使用硫柳汞了，這是面對反疫苗接種運動壓力的一個非必要反應。但是貧窮國家每年有幾千個孩子死於許多可預防的疾病，無論如何，添加無害硫柳汞的多劑瓶裝，才是合理的選擇。

▶ 硫柳汞還是會用在一些疫苗和某些特殊應用上。這是一套舊的童子軍蛇咬傷急救包，裡頭添加了 0.1% 的硫柳汞溶液來保存。

毀於享樂與利益的大氣層

硫柳汞的故事會引發憤怒，是因為這個物質幫助了很多人，理應受到更好的對待。我們要談的下一個化合物，則會讓你因相反原因血脈沸騰：它們確實帶來許多危害，卻受到一些人的庇護及幫助，而這些人非但不僅早該知道得更清楚，事實上他們本來就一清二楚，卻選擇故意視而不見，甚至為了保護自己的利益而違背法律。

◀ 把含鉛汽油加到使用無鉛汽油的車子中，會對大眾帶來許多危害：它會損害觸媒轉化器，增加大量的汙染排放，更別提會釋放出鉛。所以使用無鉛汽油的車子，油箱開口會做得比含鉛汽油的油管噴口更小。而無鉛汽油的油管噴口較小，當然兩種油箱都可以放入。如果你把無鉛汽油加到使用含鉛汽油的車子裡，引擎可能會受震爆損害，不過不會對環境有害。於是那就只是你個人的問題，無關大眾了。

▼ 古董車不能使用無鉛汽油，因此車主對含鉛汽油的禁令大為憤怒。含鉛汽油仍在販售，部分是為了給他們方便，部分是因為有些拖拉車和飛機引擎也必須用到。無鉛汽油可以添加類似這種添加物，把鉛加回去好讓較老或較特殊的引擎使用。不過在路上開車不能用，被逮到可是違法的。

把鉛弄掉

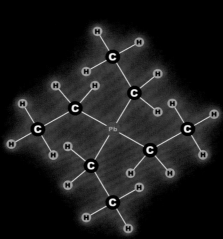

▲ 幾十年來，車用汽油中會添加四乙基鉛。它是一種「抗震」化合物，可讓某些引擎運轉得較順暢（見第74頁）。為什麼要用這個特殊的化合物呢？因為它很便宜，而且有用。那又為什麼不能用呢？因為幾乎任何形式的鉛都是狡詐的神經毒素，看起來暴露於任何濃度的鉛之下，都會對腦部造成傷害。早在含鉛汽油發明以前，人們就知道鉛（特別是四乙基鉛）有毒，也對含鉛汽油的想法提出警告。有數十個生產含鉛汽油廠房的工人死於此因，儘管它造成的巨大傷害是無庸置疑的，但汽油公司的態度顯然非常惡劣，仍試圖持續使用這種便宜有效的化合物。只要死的都是工人，他們的息事寧人就能奏效，但到了1970年代，毒害明顯擴及一般大眾。現在幾乎全世界每個國家的公路都禁用含鉛汽油。

▲ 更新穎的燃料使用不同的添加物來達到高的辛烷值，其中包括乙醇和真正的異辛烷。而上圖的添加物加入高壓縮、高效能的跑車類引擎中，可以讓辛烷值更高。它們使用了磺酸鈉、壬烷（和辛烷很像，但是有九個而不是八個碳），以及專屬的其他碳氫化合物混合物。

拯救臭氧層！

▼ 氟氯碳化物太神奇了！它們具備不可燃、完全無毒、方便施壓液化、揮發熱很高（表示它們可做為很棒的冷凍劑氣體）等優點，可惜後來發現，它們也會很有效率的破壞地球的大氣層。全世界的政府卻受到遊說團體施壓而一再延遲處理，直到幾十年後，當一切都明白顯示這些物質務必要從大氣循環中移除時，才有所行動。關於氣候變遷，有一整個產業致力於散布錯誤的訊息，他們從這些戰役中磨利了爪子，鍛鍊了戰略，準備打一場更大的仗：CO_2的戰爭。

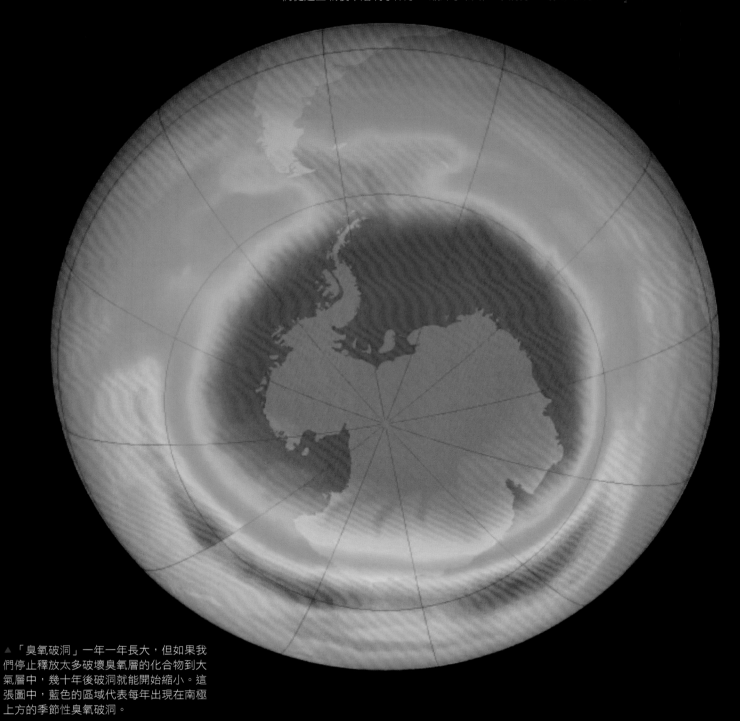

▲「臭氧破洞」一年一年長大，但如果我們停止釋放太多破壞臭氧層的化合物到大氣層中，幾十年後破洞就能開始縮小。這張圖中，藍色的區域代表每年出現在南極上方的季節性臭氧破洞。

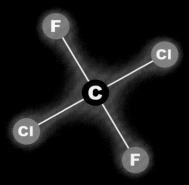

◀ R-22a 名字看起來很像冷媒 R-22，對嗎？但如果你看看右邊的分子示意圖，看到它的組成你會注意到 R-22a 的分子不含任何氯或氟，只有碳與氫，是不折不扣的丙烷，也就是你瓦斯桶裡的成分之一。換句話說，把它加進冰箱當冷媒可能會帶來一場大災難，只有瘋子才會這樣做。

◀ 從前幾乎所有的噴罐推進劑（把內容物推出的壓縮氣體）都使用氟氯碳化物。這是第一個禁止的氟氯碳化物用途，因為它們唯一的功用就是釋放到大氣中。

▼ 現在禁用氟氯碳化物，氣體噴罐變得刺激多了！氟氯碳化物不可燃，現今使用的一種常見替代品卻是丙烷（瓦斯桶內的氣體燃料）。丙烷跟氟氯碳化物一樣，在滿低的壓力下就可以液化，因此噴罐內部不需使用很高的高壓，就能大量填充。這一罐髮膠不是使用丙烷，但它用到的二甲基醚也是很刺激的同類推進劑。

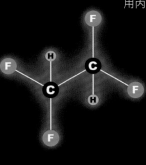

◣ 氟氯碳化物已經禁止用於大多數的冷氣機和冷凍設備中。於是市場上有一個生氣勃勃的水貨市場在販賣，售價之高會嚇壞原本的製造商。這個十磅的桶裝 R-22（二氟氯化甲烷）是最糟的例子之一：花了我將近兩百美金。當初禁用時引發了相當的包怨，一些人說這種氣體可以回收，或說它沒那麼有害。不過還滿明顯的是，它確實有害，而就實際來說，如果為數幾百萬的汽車冷氣都使用的話，遲早會漏出來。

▲ R134a 是氟化碳，而不是氟氯化碳，這表示它只用氟原子取代氫，而不是氟和氯兩種都有。這讓它的傷害力大幅減低。不過它只能用在特殊設計的冷藏系統中，原本設計使用 R-22 的就不能用。

冰救地球！

大氣化學戰爭中，對抗含鉛汽油和氟氯[碳]化物的小戰役，和二氧化碳之戰相比，都[有]如小丘陵對上巍峨高山。鉛和氟氯碳化物[從]某種意義來說，涉及的活動都很邊緣，沒[人]真的在乎汽油裡添加了什麼，只要辛烷值[夠]高就好了。沒有人真的在乎髮膠是用什麼[驅]動的，只要星期六晚上頭髮有型就好了。[但]是二氧化碳不同。它不可免的來自核心活[動]，它是運輸、電力、暖氣所需的燃料燃燒[所]釋放的大批物質，是人類活動釋放到大氣[當]中最大量的化合物，遠多於其他所有化合物[（]除了水之外）。唯一可以中止二氧化碳釋[放]的方法，是全然重新規劃全球的能源經濟[體]，以別的東西取代化石燃料，什麼都好。[這]種轉變會造成某些巨大的贏家和輸家。而[大]家自己心裡有數。

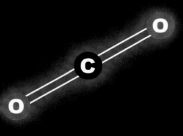

[ ]乾冰是純二氧化碳凝結的形式。才用[了]沒幾代我們就很清楚，當初應該聰明一[點]，不要釋放出這麼多。我們的孩子將要[接]手修復我們為他們創造的巨大問題。他[們]會說，大家早該想清楚一點，而且他們[說]的大家不是他們自己，而是我們。有一[些]人收了很多錢，努力混淆大眾對此議題[的]認知，拒絕承認有這個問題，幫雇主再[多]爭取幾年痛快撈錢的時間。我寫下這些[字]時，這些人將要開始面對真相，問題不是[他]們在這場爭論中會贏還是輸，而是他們[希]望在歷史上得到什麼評價。

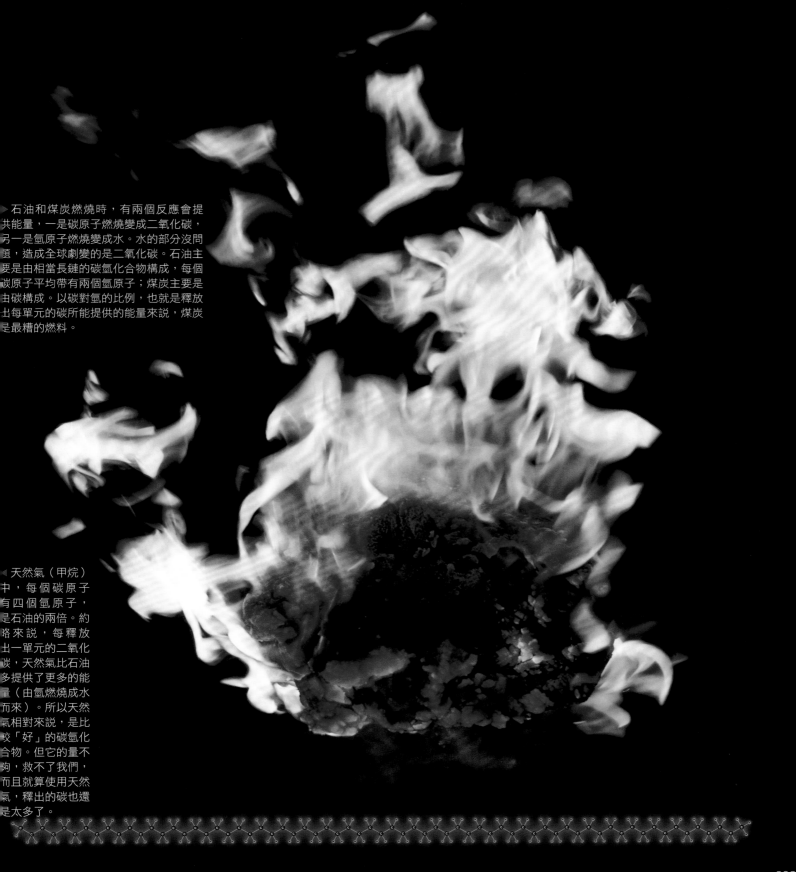

▶ 石油和煤炭燃燒時，有兩個反應會提
共能量，一是碳原子燃燒變成二氧化碳，
另一是氫原子燃燒變成水。水的部分沒問
題，造成全球劇變的是二氧化碳。石油主
要是由相當長鏈的碳氫化合物構成，每個
碳原子平均帶有兩個氫原子；煤炭主要是
由碳構成。以碳對氫的比例，也就是釋放
出每單元的碳所能提供的能量來說，煤炭
是最糟的燃料。

◀ 天然氣（甲烷）
中，每個碳原子
有四個氫原子，
是石油的兩倍。約
略來說，每釋放
出一單元的二氧化
碳，天然氣比石油
多提供了更多的能
量（由氫燃燒成水
而來）。所以天然
氣相對來說，是比
較「好」的碳氫化
合物。但它的量不
夠，救不了我們，
而且就算使用天然
氣，釋出的碳也還
是太多了。

也可以製造
橡膠鞋的化合物

▲ 很多有腐蝕性的危險化合物，也可以用來製造純的、天然的、健康的產品。舉例來說，氫氧化鈉傳統上稱為燒鹼或苛性鹼，可以用來製作全天然的有機肥皂，也可以做鹼麵包、扭結餅、碎玉米粥等幾種樸素有益的傳統食物。大多數小規模的肥皂製造商，都是使用商業化生產的食品等級鹼。（是有可能完全只用木灰中洗出的鹼和相關化合物來製造肥皂，但這麼做即使在手工皂業者中也很少見。而且木灰中的化合物仍是氫氧化鈉，只是和其他物質混在一起。）

接下來我們來看看這個化合物，它讓我生氣的不是因為它好還是壞，我其實不知道這個化合物究竟是否有害。它讓人無法容忍的是，人們談論它的方式暴露出自己有多無知。

有一家全美國的連鎖餐廳，針對最近興起的反對使用偶氮二甲醯胺運動，宣布他們會停止在麵包中加入這種化合物。和此風潮有關的新聞標題大多強調，這個化合物另外的用途是製造橡膠鞋和瑜珈墊。請願中列出的有害影響還有，如果滿載此物質的卡車翻覆，會以毒性化學物質外漏處理。你會想把這麼可怕的東西加到食物裡嗎？

偶氮二甲醯胺當成食物添加劑的好壞或許值得懷疑，但不是因為它也能用來製鞋，或因為它的純物質形式的毒性風險！比起這個物質其他可能的問題，這兩項事實不但不太重要，而且在這個討論中根本沒有任何意義。

▶ 氫氧化鈉被歸類為具有腐蝕性的化合物。它不能以郵寄運送，而且在商業運輸中視為危險物質，只能以地面運輸，以特殊核准的容器盛裝，而且每次僅能運送有限的量。如果滿載氫氧化鈉的油罐車在你的鎮上傾倒了，會上頭版新聞，還會招來所有緊急處置單位前來協助。但你不用這東西就做不出像樣的扭結餅。

▶ 這是最早期、最原型的肥皂，是用動物或植物油脂加上鹼製成的。要做一塊有用的肥皂，只需要這兩樣東西，其他的都不需要。具腐蝕性的有毒鹼會殘留在肥皂中，把它的鈉離子綁在脂肪酸上，而它的氫氧根離子會和酸的氫離子結合形成水（有些水可能在肥皂完成時就排除了）。油脂和鹼的反應，和下一頁鹼和雞腳的油脂、皮膚、肌肉進行的反應沒什麼不同。有關化合物最重要的事情是，它們可以完全改變形式，不留任何原貌的痕跡。所以如果有人叫你不要用某個產品，因為它製造時會使用某種化合物的前驅物，就反問他們比較喜歡天然皂還是合成清潔劑。我保證他們會掉入陷阱。

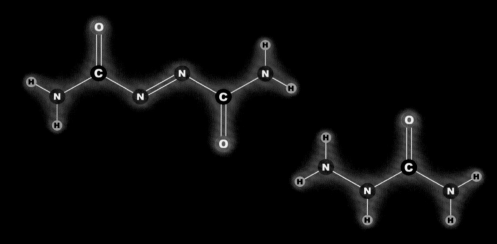

▲ 偶氮二甲醯胺（上圖左）加熱時會部分分解為胺脲（上圖右），有一些跡象顯示胺脲有致癌性（當動物攝取高劑量時）。它在食物中有害嗎？這是有趣而重要的問題，一些有理智的人對此持不同看法。這問題應該要深入研究，但是它與偶氮二甲醯胺在其他無關的獨立情況下，因為別種原因用來製造橡膠鞋的事實，一點關聯也沒有。這就好像說你不應該喝水，因為水是化學工業中用來稀釋酸的強力溶劑一樣。

▶ 我最喜愛的某些兒時回憶，跟瑞士索寧堡（Sonnenbergstrasse）街尾一家麵包店的鹼麵包卷有關。那街上的樹多美啊，就好像是上輩子的事。如果有人因為鹼也是世界上腐蝕性最強的物質之一，成功發起禁止鹼麵包的活動，我真的會發火。

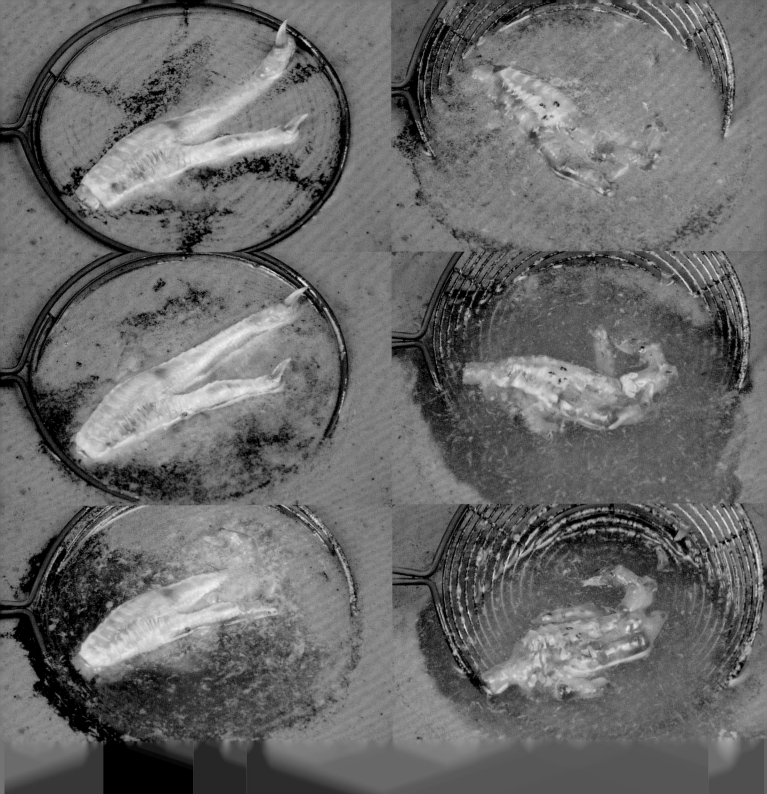

史上最糟糕的超壞
無機化合物

最後，我們來到一個很壞的化合物，大家都同意它很壞，有關它的公共論述大多時候還能維持理性與兼顧各種資訊。但仍會在了解內情的人身上引起龐大的憤怒。

石棉曾是公認的完美物質：它是你所能企求的最好隔熱物。它很穩定、抗化學攻擊、耐熱、強韌、便宜又有用。但一代以來，年復一年，它造成全世界數量最多的法律訴訟。理由很充分：儘管石棉非常有用，也不可否認會導致肺癌。石棉工廠的工人明顯死於工作上處理的石棉。有些公司積極壓制該死的

證據，不只刻意無視，還主動掩蓋事實。

如果人身傷害索賠律師需要崇高的理由來接案，這就是了！許多年來，這些律師所做的就是：為遭卑鄙企業故意傷害的人求償。

然後律師漸漸找不到石棉真正的被害人了。公司清理了門戶，石棉也從全世界的日常生活用品中銷聲匿跡。曾遭惡意暴露在石棉環境中的人老去、凋零，但官司還在繼續，彷彿有了自己的生命。

律師召集了受可怕癌症所苦的人，帶他們到放了許多產品的房間，然後請他們回憶自己

是否用過或看過這些產品。如果他們說是，就對製造此產品的公司發起訴訟。發起訴訟的律師常常沒有任何合理的理由去相信這個產品與致癌有關連，而遭控告的公司也經常都不曾有違法的嫌疑。

我們當然對因癌症受苦而死的人感到遺憾，而且我們當然希望他們最後的日子能得到照顧，能有一些錢帶來一點舒適。但為此把沒有犯錯且產品也沒有傷害任何人的無辜公司創造成第二個受害者，這不叫公義，而是恰好相反。

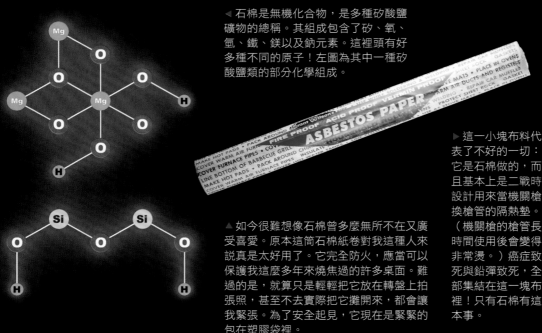

◀ 石棉是無機化合物，是多種矽酸鹽礦物的總稱。其組成包含了矽、氧、氫、鐵、鎂以及鈉元素。這裡頭有好多種不同的原子！左圖為其中一種矽酸鹽類的部分化學組成。

▶ 石棉纖維的微觀結構非常尖銳，足以抵達細胞的 DNA 並破壞它，造成突變，最後可能導致癌症。同時由於石棉在化學上太穩定了，它的纖維一旦進入肺部，幾乎可以永久存在，所以傷害會持續數十年。

▲ 如今很難想像石棉曾多麼無所不在又廣受喜愛。原本這筒石棉紙卷對我這種人來說真是太好用了。它完全防火，應當可以保護我這麼多年來燒焦過的許多桌面。難過的是，就算只是輕輕把它放在轉盤上拍張照，甚至不去實際把它攤開來，都會讓我緊張。為了安全起見，它現在是緊緊的包在塑膠袋裡。

▶ 這一小塊布料代表了不好的一切：它是石棉做的，而且基本上是二戰時設計用來當機關槍換槍管的隔熱墊。（機關槍的槍管長時間使用後會變得非常燙。）癌症致死與鉛彈致死，全部集結在這一塊布裡！只有石棉有這本事。

	T	C	A	G	
T	TTT=苯丙胺酸（F）	TCT=絲胺酸（S）	TAT=酪胺酸（Y）	TGT=半胱胺酸（C）	T
	TTC=苯丙胺酸（F）	TCC=絲胺酸（S）	TAC=酪胺酸（Y）	TGC=半胱胺酸（C）	C
	TTA=白胺酸（L）	TCA=絲胺酸（S）	TAA=停止	TGA=停止	A
	TTG=白胺酸（L）	TCG=絲胺酸（S）	TAG=停止	TGG=色胺酸（W）	G
C	CTT=白胺酸（L）	CCT=脯胺酸（P）	CAC=組胺酸（H）	CGT=精胺酸（R）	T
	CTC=白胺酸（L）	CCC=脯胺酸（P）	CAA=麩醯胺酸（Q）	CGC=精胺酸（R）	C
	CTA=白胺酸（L）	CCA=脯胺酸（P）	CAG=麩醯胺酸（Q）	CGA=精胺酸（R）	A
	CTG=白胺酸（L）	CCG=脯胺酸（P）	CAT=組胺酸（H）	CGG=精胺酸（R）	G
A	ATT=異白胺酸（I）	ACT=蘇胺酸（T）	AAT=天門冬醯胺（N）	AGT=絲胺酸（S）	T
	ATC=異白胺酸（I）	ACC=蘇胺酸（T）	AAC=天門冬醯胺（N）	AGC=絲胺酸（S）	C
	ATA=異白胺酸（I）	ACA=蘇胺酸（T）	AAA=離胺酸（K）	AGA=精胺酸（R）	A
	ATG=甲硫胺酸（M）	ACG=蘇胺酸（T）	AAG=離胺酸（K）	AGG=精胺酸（R）	G
G	GTT=纈胺酸（V）	GCT=丙胺酸（A）	GAT=天門冬胺酸（D）	GGT=甘胺酸（G）	T
	GTC=纈胺酸（V）	GCC=丙胺酸（A）	GAC=天門冬胺酸（D）	GGC=甘胺酸（G）	C
	GTC=纈胺酸（V）	GCA=丙胺酸（A）	GAA=麩胺酸（E）	GGA=甘胺酸（G）	A
	GTA=纈胺酸（V）	GCG=丙胺酸（A）	GAG=麩胺酸（E）	GGG=甘胺酸（G）	G

生命的裝置

你可能已經注意到，我沒談很多另一種非常重要的分子類型——生命運作所需的大型分子。DNA、RNA 和蛋白質都是分子，但是它們的本質和其他我們談過的分子有很大的不同。與其說它們像其他的分子，不如說更像是書和機器人。

它們全都是由少數的簡單單元組合而成的長鏈。從這種角度來看，它們很像是在 103 頁中討論過的聚合物。但是那些聚合物是以固定規律或半隨機的模式重複相同的單元。聚合物中的單元順序不含任何重要的資訊，這就和我現在要談的分子大大不同。

DNA 最重要的就是其中的資訊。它是由核苷酸（共有四種）的序列組成的。序列的順序隱含了生物生長、運作與繁殖所需的幾乎所有資訊。DNA 本身除了攜帶這些訊息以供拷貝使用外，沒有真正的功能。我們常把個別的核苷酸類比成英文字母，而一個 DNA 分子就像是用這些字母寫成的一本書。

這個類比不只好用，還非常貼近真實的情況。我們用 G、A、T、C 來分別代表四個核苷酸分子：鳥糞嘌呤（guanine）、腺嘌呤（adenine）、胸腺嘧啶（thymine）和胞嘧啶（cytosine）。所以一股 DNA 可以用這些字母呈現分子在聚合物序列中出現的順序。一股 DNA 通常含有數千個字母長。

這些字母又能組成「字彙」，每個字都是三個字母長。這些字彙又能再組合成「句子」，句子中含有建造一個蛋白質所需的資訊。這些字彙稱為「密碼」，而句子則稱為「基因」。一個基因的長度可能從不到一千或超過百萬個字母都有。

完整的人類基因組（建構及運作人體所需的 DNA 套組），包含了以這些序列寫成的二十二本書（稱為染色體）。這些書總共含有大約三十億個字母。（你可以比較一下，全套七冊的《哈利波特》大約有五百萬個字母。）

蛋白質也很類似，它們是由簡單單元按一定順序組成的長鏈，但不是攜帶訊息以供複製，它們是身體運作所需的裝置與傳遞訊息的構造。每個蛋白質都是由一串獨特的胺基酸序列構成，最多可包含二十一種不同的胺基酸*。一個蛋白質的一切，從結構乃至功能都是由其胺基酸順序所決定。而這些胺基酸的順序正是寫在 DNA 的字彙中。

當細胞需要製造某個蛋白質時，含有說明這種蛋白質製造方式的 DNA 會先把自己的資訊複製成一股 RNA（透過由蛋白質構成，叫做 RNA 聚合酶的機器）。而 RNA 是類似 DNA 的化合物，但是含有稍微不同的化學單元。然後這條 RNA 再被送到另一個稱為核糖體的機器（也是由蛋白質構成），它會依序讀取上頭的字彙，按照順序組合出對應的蛋白質序列。DNA 中的每個字彙（由三個字母構成），就對應到蛋白質中的一個特定的胺基酸。

*譯注：傳統教科書中定義的「標準胺基酸」為 121 頁中除硒半胱胺酸外的 20 種胺基酸，也是 228 頁中 DNA 密碼子有直接對應的胺基酸。新的研究發現，在少數情況下當有特殊的蛋白質存在時，會製造與使用第二十一種甚至第二十二種新的胺基酸。例如 121 頁中所列的硒半胱胺酸，是在特殊情況下使用了終止密碼子 TGA 而來。

不只是分子

我故意不在這章中放之前那些典型的分子結構圖。這是因為，儘管 DNA、RNA 和蛋白質也是由原子組成的分子，但分子結構卻不是用來理解它們的最好方式。它們更容易以計算機科學的語言來理解，而非以化學的語言。沒錯，「計算生物學」正是目前最熱門的研究領域之一。駭客（會寫程式的那些人）現在對破解基因組更有興趣，因為與其寫矽晶圓的程式語言，不如寫生命的程式語言。底下這張表無庸置疑，絕對會是你這輩子看過最超乎想像的東西。這可是個程式碼。這張表上列出了 DNA 上每三個字母組成的一個字彙，是對應到蛋白質中的哪一個

胺基酸。只要有這張代碼表，你就可以「讀」DNA，跟讀一本書一樣，而這正是活細胞中合成蛋白質的機制。但是你也可以在書中寫你要的東西，這就叫做「基因工程」。其「工程」的程度絲毫不遜於計算機工程或機械工程，相同的思考方式，相同的修補、調整，連發明的直覺都一體適用。很嚇人，也很刺激，這是我們的未來。

將來我們回顧現在，毫無疑問會把它看成是 DNA 的世代，這是我們掌控了生命根基，了解、駕馭其奧義來滿足自身需求的時代，但也有可能是引火自焚的年代。我有計算機科學的基礎，我從中學到，一個簡單的想

法，也就是掌握駕馭機器的能力，如何帶來難以想像的威力。下一個世代，或許也包括你，會將程式語言的典範推廣至生命範疇。你們將能從零開始創造新生物，也能重新塑造既有的生物，包括我們本身。

我們是否禁得起對生命重新塑造，這是一個開放的問題，就跟我們是否能承受核武器的發明一樣。我們只能期望人性本能中較好的一面會占優勢，如同我們截至目前的表現，還有希望有關生命的科技，大多用於好的方面。（順帶一提，我想要多一點頭髮，萬一你對那個特別的 DNA 有興趣的話。）

```
ATG GCC CGT ACT AAG CAG ACT GCT CGC AAG        MARTKQTARK
TCG ACC GGC GGC AAG GCC CCG AGG AAG CAG        STGGKAPRKQ
CTG GCC ACC AAG GCG GCC CGC AAG AGC GCG        LATKAARKSA
CCG GCC ACG GGC GGG GTG AAG AAG CCG CAC        PATGGVKKPH
CGC TAC CGG CCC GGC ACC GTA GCC CTG CGG        RYRPGTVALR
GAG ATC CGG CGC TAC CAG AAG TCC ACG GAG        EIRRYQKSTE
CTG CTG ATC CGC AAG CTG CCC TTC CAG CGG        LLIRKLPFQR
CTG GTA CGC GAG ATC GCG CAG GAC TTT AAG        LVREIAQDFK
ACG GAC CTG CGC TTC CAG AGC TCG GCC GTG        TDLRFQSSAV
ATG GCG CTG CAG GAG GCC AGC GAG GCC TAC        MALQEASEAY
CTG GTG GGG CTG TTC GAA GAC ACG AAC CTG        LVGLFEDTNL
TGC GCC ATC CAC GCC AAG CGC GTG ACC ATT        CAIHAKRVTI
ATG CCC AAG GAC ATC CAG CTG GCC CGC CGC        MPKDIQLARR
ATC CGT GGA GAG CGG GCT TAA                     IRGERA
```

▲ 這一串DNA序列代碼對應到一個非常小的蛋白質，稱為 H3.2 型組蛋白（人類變異型）。它是 1 號染色體正股中，由第 149,824,217 到第 149,824,627 個字母寫成的低調的一小段。麻煩思考個一分鐘：我們竟然連這種事都知道。這些數字可不是我編的，這是來自人類基因組數據庫，裡頭詳列了成千上萬種這類序列的名字、準確位置以及功能。整個好樣的人類基因組從頭到尾的序列都已經定出來了（雖然目前我們只知道其中一小部分序列的功能）。也就是說，地圖已經畫好了，上頭的空白處要全上好色，也只是時間早晚的問題了。

▲ 這一串序列和左邊那串很像，但注意看它使用了不同的字母，長度也較短。它顯示的正是那條長的 DNA 序列解碼出的蛋白質胺基酸序列。由於一個胺基酸是對應到 DNA 中每三個字母形成的代碼，這一串胺基酸序列長度剛好是 DNA 序列的三分之一。（每個胺基酸的字母代號請見 228 頁的代碼表。例如，白胺酸是以 L 字母代表。）

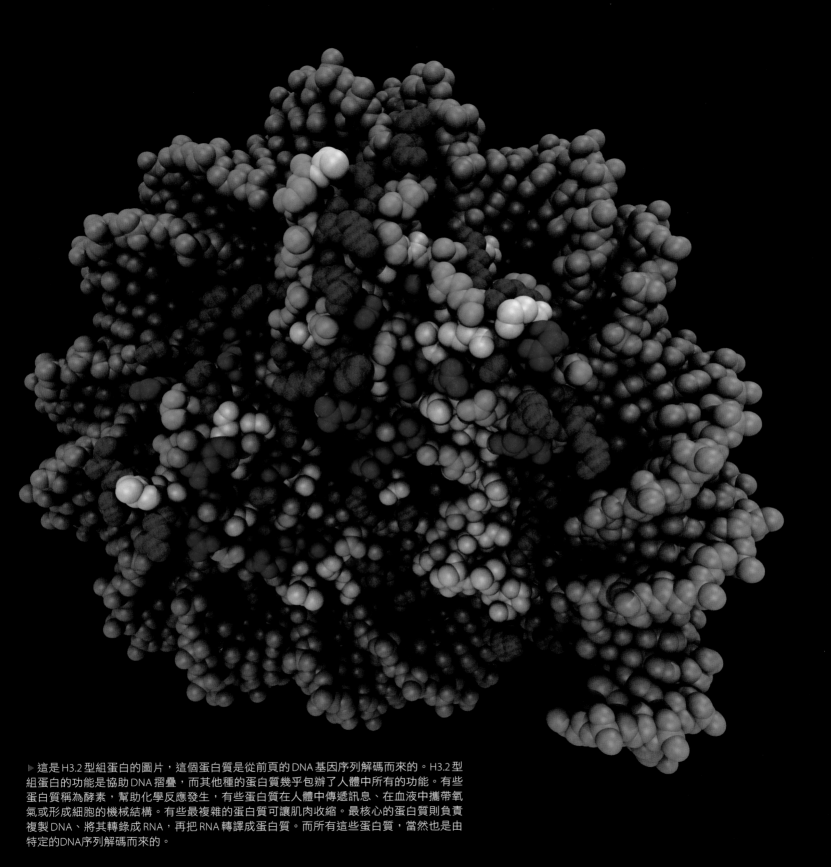

▶ 這是 H3.2 型組蛋白的圖片，這個蛋白質是從前頁的 DNA 基因序列解碼而來的。H3.2 型
組蛋白的功能是協助 DNA 摺疊，而其他種的蛋白質幾乎包辦了人體中所有的功能。有些
蛋白質稱為酵素，幫助化學反應發生，有些蛋白質在人體中傳遞訊息、在血液中攜帶氧
氣或形成細胞的機械結構。有些最複雜的蛋白質可讓肌肉收縮。最核心的蛋白質則負責
複製 DNA、將其轉錄成 RNA，再把 RNA 轉譯成蛋白質。而所有這些蛋白質，當然也是由
特定的 DNA 序列解碼而來的。

誌謝

要出一本書總是會有有許多人受苦受難。在這串名單中，首先我要感謝我的女友和小孩，謝謝他們沒有離家出走或跟我分手兩次或兼而有之。接著要感謝我的編輯 Becky Koh，她可能也有過同樣的衝動，特別是當截稿日期迫在眉睫，有如載貨火車在塗滿最潤滑的合成機油的軌道上奔馳而來時。

我當然要感謝我的合作者，攝影師 Nick Mann，本書中幾乎所有的照片都是他拍攝的。他排在前面幾個人後頭，只是因為他沒有吃到苦頭。我覺得他幫這些東西拍照時，得到的樂趣幾乎跟負責蒐集的我一樣多。好幾個月來，幾乎每天都過聖誕節一樣，包裹一個接一個送到工作室，有時一天就有十幾個，裡頭裝了各種奇怪美妙的東西等著拍照。我們為這個計畫拍了超過五百樣東西的照片！

其他的照片、鼓勵與支持，無論是精神上或其他形式，來自於我的長期合作者 Max Whitby，他是促使我們投入化學及元素相關主題的核心人物，若沒有他，我早就放棄了。還有，當其他人都放棄我時，最親愛的 Nina 帶來了第 8 章開頭那張可喜的圖片。研究上的珍貴協助和無數的分子結構檔案則來自於 Deanna Gribb，她也對我可疑的電子組態圖片有些抱怨，直到那些圖片稍微站得住腳為止。

謝謝 Barry Isralewitz 繪出一些大型分子的 3D 圖片，也謝謝 David Eisenman 編輯整份手稿，還有對我一些更古怪的主意喊卡。其他的研究上的協助來自於 Koatie Pasley。

我要感謝 H. M. S. Beagle 科學小店的老闆 John Farrell Kuhns 出產有史以來最美的現代兒童化學實驗套組。這些人讓我們及下一代保有生動的科學之夢。

最後我要感謝 Rachel 提供的蛇大便，沒有這個東西就沒有這本書。

圖片來源

25頁　〈煉金術士〉（The Alchemist）魏斯（Newell Convers Wyeth）於1937年繪，費城化學遺產基金會（Chemical Heritage Foundation）授權使用。

35頁　銅綠屋頂© 2014 Shutterstock

38頁　瀑布© 2014 Max Whitby

51頁　氰酸銀© 2014 Max Whitby

55頁　汙染© 2005 Jocelyn Saurini

72頁　氣球爆炸© 2014 Max Whitby

91頁　鼓風爐© 2012 Jamie Cabreza

91頁　煉鋁工廠© 2014 Street

38頁　疼痛圖，Nina Paley繪

43頁　鴉片罌粟© 2012 Pierre-Arnaud Chouvy

61頁　甜菜© 2012 Free photos and Art

85頁　金展花萃取物© 2014 Max Whitby

99頁　紫外光中的花© 2011 Dr. Klaus

220頁　臭氧破洞圖© 2012 NASA

二維的球棒分子結構圖是作者利用Wolfram Chemical Data、chemspider.com的分子結構資料以及其他資源繪製而成的。

分子旁邊的紫色光影是用 Mathematica 軟體利用電場模型計算出來的，顯示電子的帶電情況與鍵結的帶電狀況，但這樣畫並不代表電子的真正分布，但看起來很漂亮。

需要手動調節的分子結構，是利用 Marvin 6.2.2, 2014, ChemAxon (http://www.chemaxon.com)來進行的。感謝 Deanna Gribb 的熱心協助。

有些分子太複雜了，只能用三維結構顯現。本書用的分子視覺軟體VMD - Visual Molecular Dynamics，是 2014 年伊利諾大學出版。Humphrey, W., Dalke, A. and Schulten, K., "VMD - Visual Molecular Dynamics", J. Molec. Graphics, 1996, vol. 14, pp. 33-38.

重要化合物中英名稱對照

1-（1-苯基環己基）哌啶	1-(1-phenylcyclohexyl)piperidine
1-丁醇	1-butanol
1-丙醇	1-propanol
2-甲基-1-丙醇	2-methyl-1-propanol
2-甲基丁酸乙酯	ethyl 2-methylbutanoate
2-苯乙醇	2-phenylethanol
3-戊酮	3-pentanone
3-甲基吩坦尼	3-methylfentanyl
3-羥吲哚	3-hydroxyindole
4-甲基-2-戊醇	4-methyl-2-pentanol
4-甲基愈創木酚	creosol
4-羥-3-甲氧基苯甲醛	4-hydroxy-3-methoxybenzaldehyde
4-羥苯甲醛	4-hydroxybenzaldehyde
α 胡蘿蔔素	alpha carotene
α-普洛丁	alphaprodine
β-玉米黃質	beta-cryptoxanthin
β 胡蘿蔔素	beta carotene
β 隱黃素	beta-cryptoflavin
γ-胺基丁酸	γ-aminobutyric acid, gaba
ζ 胡蘿蔔素	zeta-carotenes

一畫

乙氧基乙烷	ethoxyethane
乙基香草醛	ethyl vanillin
乙基醇	ethyl alcohol
乙烷	ethane
乙硫醇	ethyl mercaptan
乙酸	acetic acid
乙酸-2-甲基丁酯	2-methylbutyl acetate
乙酸乙酯	ethyl acetate
乙酸丁酯	butyl acetate
乙酸己酯	hexyl acetate
乙酸丙酯	propyl acetate
乙酸戊酯	pentyl acetate
乙酸甲酯	methyl ethanoate, methyl acetate
乙酸異丁酸蔗糖酯	sucrose acetate isobutyrate
乙酸鉛	lead acetate
乙醇	ethanol
乙醚	ether

乙醛	ethanal
乙醯水楊酸（乙醯柳酸）	acetyl salicylic acid
乙醯胺酚	acetaminophen
乙醯磺胺酸鉀	acesulfame potassium

二畫

丁烷	butane
丁酮	butanone
丁酸乙酯	ethyl butanoate, ethyl butyrate
丁酸丁酯	butyl butanoate
丁酸戊酯	pentyl butyrate
二乙基汞	diethylmercury
二乙基酮	diethyl ketone
二乙基醚（二乙醚）	diethyl ether
二乙醯嗎啡	diacetylmorphine
二十七烷	heptacosane
二十九烷	nonacosane
二十二碳六烯酸	docosahexaenoic acid
二十三烷	tricosane
二十五烷	pentacosane
二十六烷	hexacosane
二十四烷	tetracosane
二甲基汞	dimethylmercury
二甲基酮	dimethyl ketone
二甲基醚	dimethyl ether
二苯胺明	diphenhydramine
二氧化鈦	titanium dioxide
二氯甲烷	dichloromethane
十八烷	octadecane
十二烷基苯磺酸	dodecylbenzenesulfonic acid
八氫茄紅素	phytoene

三畫

三十一烷	hentriacontane
三十烷	triacontane
三氯蔗糖	sucralose
山梨糖醇	sorbitol
己二胺	hexamethylene diamine
己二酸	adipic acid

己烷	hexane
己酸乙酯	ethyl hexanoate

四畫

反式-omega-3月桂烯酸	trans-omega-3 lauroleic acid
壬烷	nonane
天竺葵素-3-葡萄糖苷	pelargonidin 3-glucoside
天門冬胺酸	aspartic acid
天門冬醯胺酸	asparagine
巴糖醇	isomalt
日落黃	sunset yellow
月桂基硫酸鈉	sodium lauryl sulfate
月桂酸	lauric acid
月桂醇聚醚硫酸酯鈉	sodium laureth sulfate
木糖醇	xylitol
水楊素	salicin
火蟻素	solenopsin

五畫

丙胺酸	alanine
丙烷	propane
丙酮	acetone, propanone
丙酸	propanoic acid
丙酸乙酯	ethyl propanoate
丙酸甲酯	methyl propanoate
丙酸第三丁酯	t-butyl propanoate
丙醛	propanal
仙人掌黃質	vulgaxanthin
加巴噴丁	gabapentin
半乳糖	galactose
半胱胺酸	cysteine
卡芬太尼	carfentanil
古柯鹼	cocaine
可待因	codeine
四水白鐵礬	rozenite
奴佛卡因	novocaine
尼龍66聚合物	nylon 66 polymer
尼龍單體	nylon monomer
戊基乙烯基酮	amyl vinyl ketone
戊烷	pentane
正十一烷	undecane
正庚烷	n-heptane
玉米黃呋喃素	mutatoxanthin
玉米黃素	zeaxanthin
玉米黃質	cryptoxanthin
甘油三月桂酸酯	glycerin trilaurate

甘胺酸	glycine
甘草甜素	glycyrrhizin
甘露醇	mannitol
生物素	biotin
甲氧基乙烷	methoxyethane
甲氧基甲烷	methoxymethane
甲基乙基酮	methyl ethyl ketone
甲基乙基醚	methyl ethyl ether
甲基二氫嗎啡酮	metopon
甲基安非他命	methamphetamine
甲基醇	methyl alcohol
甲烷	methane
甲硫胺酸	methionine
甲硫醇	methyl mercaptan
甲酸	methanoic acid
甲酸甲酯	methyl methanoate, methyl formate
甲醇	methanol
甲醛	formaldehyde
白胺酸	leucine
矢車菊素-3-（2-葡萄糖苷基芸香苷）	cyanidin-3-(2-glucosylrutinoside)
矢車菊素 3-o-丙二醯基葡萄糖苷	cyanidin 3-o-malonyl glucoside
矢車菊素-3-半乳糖苷	cyanidin-3-galactoside
矢車菊素-3-芥子醯基-木糖苷基-葡萄糖苷基-半乳糖苷	cyanidin-3-sinapoyl-xylosyl glucosyl-galactoside
矢車菊素-3-芸香苷	cyanidin-3-rutinoside
矢車菊素-3-葡萄糖苷	cyanidin 3-glucoside
矢車菊素-3-槐糖苷	cyanidin-3-sophoroside
石棉	asbestos
石墨	graphite

六畫

多巴胺	dopamine
肉毒桿菌毒素	botulinum toxin
色胺酸	tryptophan

七畫

利多卡因	lidocaine
吡哆醇	pyridoxine
吩坦尼	fentanyl
吲哚酚	indoxyl
抗壞血酸	ascorbic acid
沒藥烯	bisabolene
赤藻糖醇	erythritol

辛抗寧	ziconotide	胸腺嘧啶	thymine
辛烷	octane	胺脲	semicarbazide
那普洛先	naproxen	配西汀	pethidine

八畫

乳糖	lactose
亞麻油酸	linoleic acid
亞鐵氰化鐵	ferri ferrocyanide
刺尾魚毒素	maitotoxin
咖啡因	caffeine
庚烷	heptane
松柏醇	coniferyl alcohol
果糖	fructose
泛酸	pantothenic acid
芥子醇	sinapyl alcohol
阿尼利定	anileridine
吡拉明馬來酸鹽	pyrilamine maleate
阿斯匹靈	aspirin
阿斯巴甜	aspartame

九畫

亮藍	erioglaucine
毒芹鹼	coniine
癸烷	decane
美沙酮	methadone
胞嘧啶	cytosine
胡椒鹼	piperine
苯丙胺酸	phenylalanine
苯唑卡因	benzocaine
苯環己哌啶	phencyclidine
茄紅素	lycopene
飛燕草素3-葡萄糖苷	delphinidin 3-glucoside
香草醛	vanillin
哌啶	piperidine

十畫

核黃素	riboflavin
桉油醇	eucalyptol
氧化鋅	zinc oxide
氧嗎啡酮	oxymorphone
海狸香	castoreum
納曲酮	naltrexone
納洛芬	nalorphine
納洛酮	naloxone
紐甜	neotame

十一畫

假麻黃鹼	pseudoephedrine
偶氮二甲醯胺	azodicarbonamide
堇菜黃質	violaxanthin
氫可酮	hydrocodone
甜菊苷	stevioside
甜菜紅素	betacyanin
甜菜素	betanin
甜菜黃素	betaxanthin
甜精	cyclamate
異丁烷	isobutane
異白胺酸	isoleucine
異辛烷	isooctane
硒半胱胺酸	selenocysteine
組胺酸	histidine
莧紅	amaranth
脯胺酸	proline
鳥糞嘌呤	guanine
麥角酸二乙胺	lysergic acid diethylamide
麥芽三糖	maltotriose
麥芽糖	maltose
麥芽糖醇	maltitol
麻黃素	ephedrine
視網醇	retinol

十二畫

硫化汞	mercury sulfide
硫化砷	arsenic sulfide
硫化氫	hydrogen sulfide
硫化鉛	lead sulfide
硫化鎘	cadmium sulfide
硫代水楊酸	thiosalicylic acid
硫辛醯去氫酶	lipoyl dehydrogenase
硫柳汞	thimerosal
硬脂酸	stearic acid
硫胺素	thiamine
硫硒化鎘	cadmium red
硫酸	sulfuric acid
硫酸亞鐵	iron(ii)sulfate
喹吖酮	quinacridone
喹吖酮紅	quinacridone red

	palmitic acid
棕櫚酸	palmitic acid
櫚酸三十酯	triacontanyl palmitate
鈷胺素	cyanocobalamin
化纖維素	nitrocellulose
胺酸	serine
芬太尼	sufentanil
鹼酸	niacin
二烯酮	androstadienone
式-omega-3月桂烯酸	cis-omega-3 lauroleic acid
樟素	safrole
體呋喃素	luteoxanthin

十三畫

啡	morphine
創木酚	guaiacol
吩坦尼	remifentanil
香酚	thymol
可酮	oxycodone
戊甲嗎啡	etorphine
嘌呤	adenine
黃素	lutein
綠素	chlorophy
綠醌	phylloquinone
酸	folic acid
萄糖	glucose
萄糖香草醛	glucovanillin
巴因	thebaine
胺酸	tyrosine

十四畫

乙醯基胺酚	para-acetylaminophenol
甲酚	p-cresol
香豆醇	p-coumaryl alcohol
酸鈣	calcium carbonate
馬林	methanal
胺酸	arginine
他命a	vitamin a
他命b1	vitamin b1
他命b12	vitamin b12
他命b2	vitamin b2
他命b3	vitamin b3
他命b5	vitamin b5
他命b6	vitamin b6
他命b7	vitamin b7
他命b9	vitamin b9
他命c	vitamin c

維他命d3	vitamin d3
維他命e	vitamin e
維他命k	vitamin k
聚乙醇酸交酯	polyglycolide
聚丙烯	polyprolylene
聚丙烯腈	acrylic polymer
聚丙烯腈單體	acrylic monomer
聚丙烯腈聚合物	acrylic polymer
聚對二氧環己酮	polydioxanone

十五畫

誘惑紅	allura red
辣椒紅素	capsanthin
樟腦	camphor
箭毒蛙毒素	batrachotoxin
醋酸亞砷酸銅	copper acetoarsenite
醋醛	acetaldehyde
鋁矽酸鈉	sodium silico aluminate
麩胺酸	glutamine acid
麩醯胺酸	glutamine

十六畫以上

糖精	saccharin
錫酸鈷	cobalt stannate
靛苷	indican
靛草精糖苷	indican glycoside
龍涎香醇	ambrein
環丁烷	cyclobutane
環丙烷	cyclopropane
磷酸銨錳	manganese ammonium phosphate
磷酸錳	manganese phosphate
磺酸鈉	sodium sulfonate
膽鈣化醇	cholecalciferol
薄荷腦	menthol
薄荷醇	menthol
檸檬黃	tartrazine
檸檬酸	citric acid
雙氫可待因	dihydrocodeine
雙氫烴戊甲嗎啡	dihydroetorphine
離胺酸	lysine
羅漢果甜苷	mogroside
蘇胺酸	threonine
纈胺酸	valine
蠶蛾醇	bombykol
萊苞迪苷A	rebaudioside-a

科學天地 155

用得到的化學
建構萬物的美妙分子

Molecules：The Elements and the Architecture of Everything

原著 — 葛雷（Theodore Gray）
攝影 — 曼恩（Nick Mann）
譯者 — 李祐慈
科學天地叢書顧問群 — 林和、牟中原、李國偉、周成功

事業群發行人／CEO／總編輯 — 王力行
資深副總編輯 — 吳佩穎
編輯顧問 — 林榮崧
系列主編暨責任編輯 — 林文珠
封面構成與版型設計 — 黃淑雅

出版者 — 遠見天下文化出版股份有限公司
創辦人 — 高希均、王力行
遠見·天下文化·事業群 董事長 — 高希均
事業群發行人／CEO — 王力行
出版事業部副社長／總經理 — 林天來
版權部協理 — 張紫蘭
法律顧問 — 理律法律事務所陳長文律師
著作權顧問 — 魏啟翔律師
社址 — 台北市104松江路93巷1號2樓
讀者服務專線 — 02-2662-0012 ｜ 傳真 — 02-2662-0007, 02-2662-0009
電子郵件信箱 — cwpc@cwgv.com.tw
直接郵撥帳號 — 1326703-6號 遠見天下文化出版股份有限公司

製版廠 — 東豪印刷事業有限公司
印刷廠 — 立龍藝術印刷股份有限公司
裝訂廠 — 聿成裝訂股份有限公司
登記證 — 局版台業字第2517號
總經銷 — 大和書報圖書股份有限公司 電話／02-8990-2588
出版日期 — 2017年2月24日第一版第1次印行

國家圖書館出版品預行編目(CIP)資料

用得到的化學：建構萬物的美妙分子
　葛雷(Theodore Gray)著；李祐慈譯.
　-- 第一版. -- 臺北市：遠見天下文化, 2017.02
　　面；　公分. -- (科學天地；155)

譯自：Molecules：the elements and the architecture of everything
ISBN 978-986-479-167-5(平裝)

1.分子　2.分子結構

348.22　　　　　　　　　　　　　106002088

定價 — 700NTD　　書號 — BWS155
ISBN — 978-986-479-167-5
天下文化官網 — bookzone.cwgv.com.tw

本書如有缺頁、破損、裝訂錯誤，請寄回本公司調換。本書僅代表作者言論，不代表本社立場。

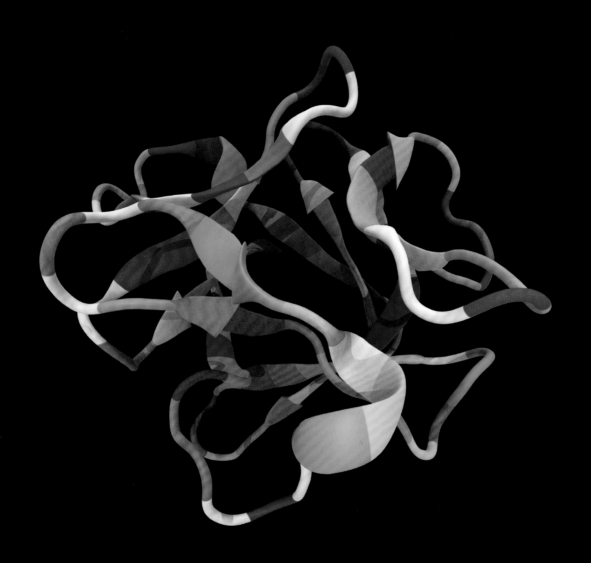

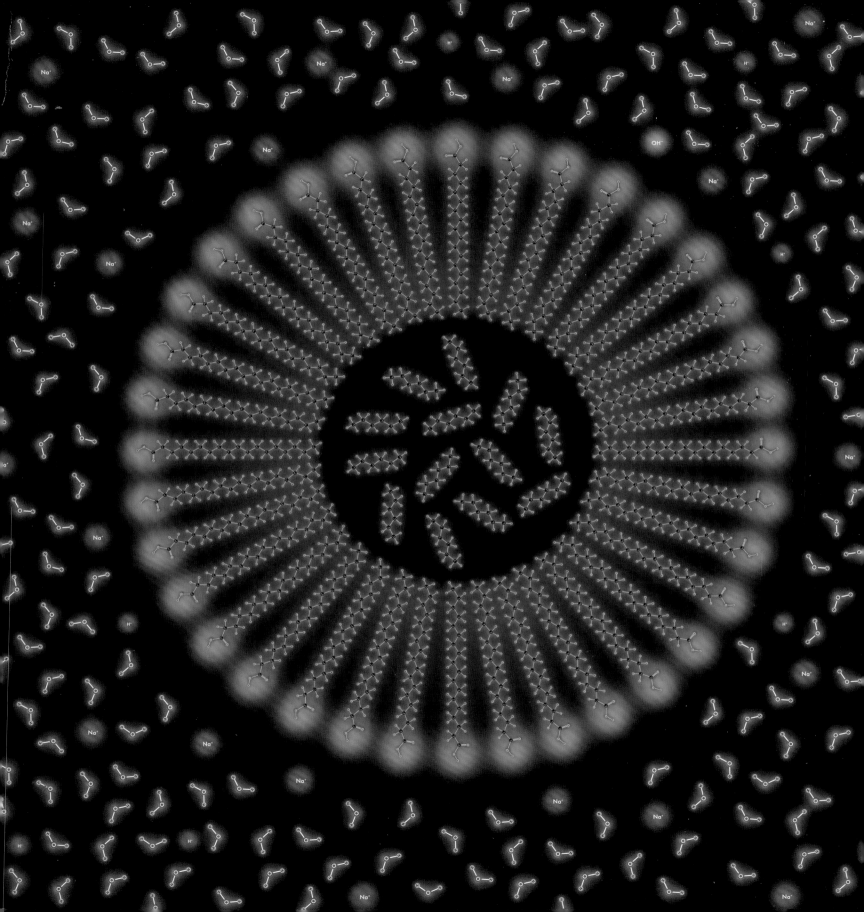